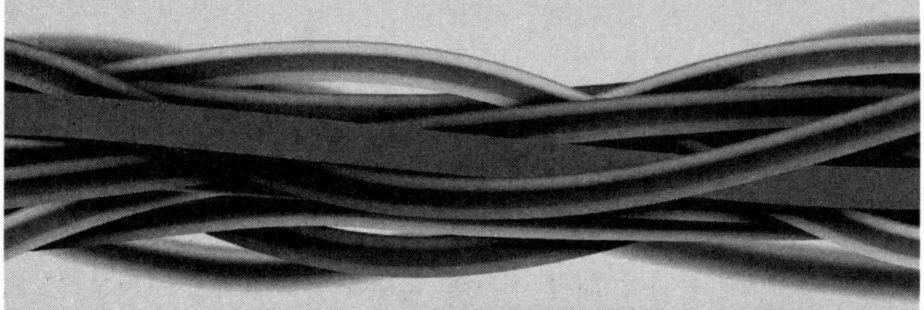

전기시공실습

허동렬 · 신동률 지음

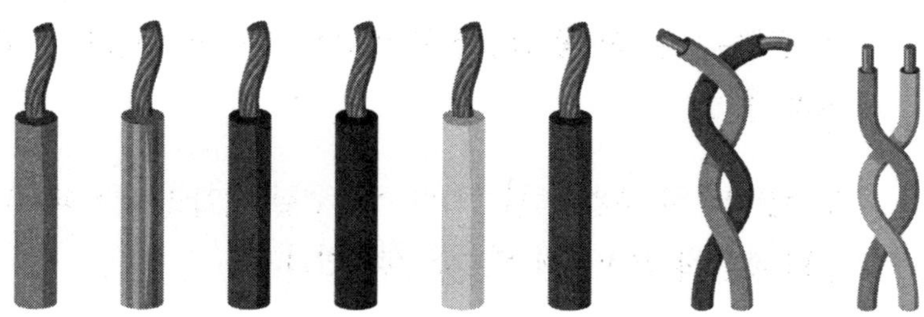

도서출판 동화기술

머리말

배관·배선은 산업안전 보건기준에 관한규칙(이하 "안전보건규칙"이라 한다)의 "화학설비 및 그 부속설비의 종류" 중에 화학설비 배관계의 내압, 열응력, 자중, 바람, 지진 등에 의한 재해를 방지하기 위하여 배관 지지물 설치 및 유지에 관한 학문으로, 다양한 분야에 대한 지식이 요구되는 복합적인 분야로 구성된다.

특히 배관·배선의 전기 시스템 분야는 전체 시스템과 유기적으로 결합되어 있다. 건물 시공시 배선을 보호하는 목적으로 필수적으로 설치하는 관 자체를 배관이라 한다. 많은 사람들이 배관을 설치하고 배선에 필요한 기술을 이해하는데 어려움을 겪고 있다.

본 교재는 배관·배선을 익히기 전의 학생이나 실무 종사자들 중에서도 배관·배선의 원리에 대한 이해가 부족한 사람을 대상으로 하는 기초 교재로서 실습을 통하여 원리를 이해하도록 구성하였다.

첫 번째는 배관의 종류와 설치 방법을 먼저 실습하므로 배관에 대한 이해도를 높이고자 한다.

두 번째는 이 배관에 전기적인 시스템인 배선을 통하여 부하의 특성을 학습하고 배선의 종류와 부속품의 기능을 학습한다.

목 차

Part 3 배관·배선 공사의 실습 · 113

Part 1

NCS 학습 모듈의 개요

I. NCS 학습 모듈이란?

▣ NCS 학습 모듈의 개념

국가직무능력표준(NCS, National Competency Standards : 이하 NCS)이 현장의 '직무 요구서'라고 한다.

NCS 학습모듈은 NCS의 능력단위를 교육훈련에서 학습할 수 있도록 구성한 '교수 및 관련학습 자료'이다. NCS 학습모듈은 구체적 직무를 학습할 수 있도록 이론 및 실습에 관련된 내용을 상세하게 제시하고 실습할 수 있다.

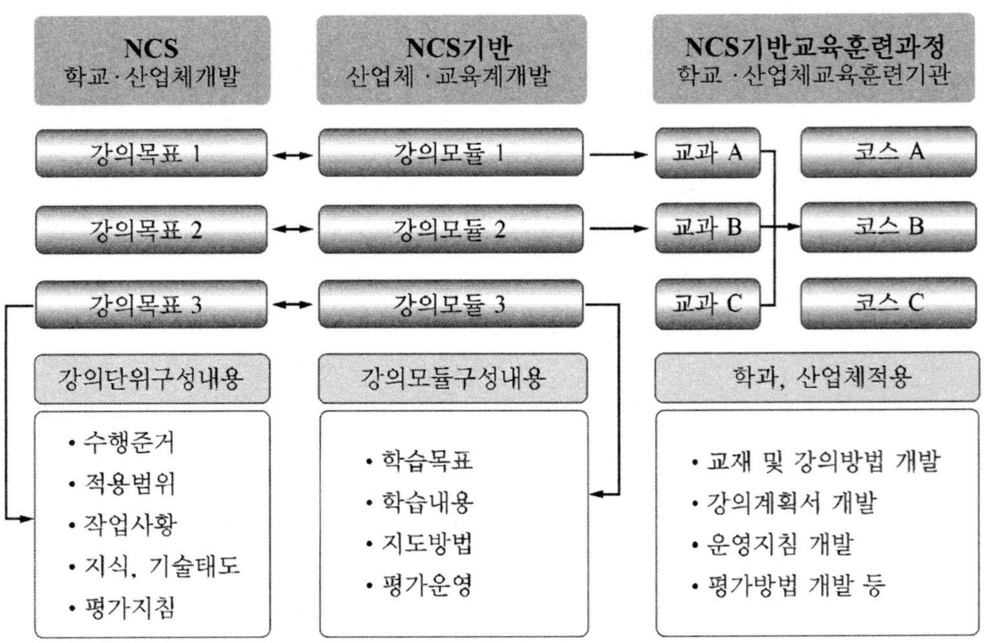

▣ 구성

NCS 학습 모듈 목표	해당 NCS 학습모듈 정의를 바탕으로 학습목표를 작성한 것이다.
선행학습	해당 NCS 학습모듈의 목표를 달성하기 위해 선수 되어야 할 과제는 학습내용 및 관련 교과목 등을 기술한 것이다.
교육훈련 대상과 이수시간	교육훈련 대상은 학습모듈의 목표를 고려하여 학습내용 및 NCS 학습모듈 수준에 적합한 교육훈련 대상을 산업체별, 학교의 학급별로 나눈다. 이수시간은 해당 학습모듈을 이수하는데 필요한 총 교육훈련 시간을 의미한다.
키워드 및 핵심용어	해당 NCS 학습모듈 내용의 지식 또는 기술 등 핵심적 용어 등을 제시한다.

▣ NCS와 NCS 학습 모듈의 연결체계

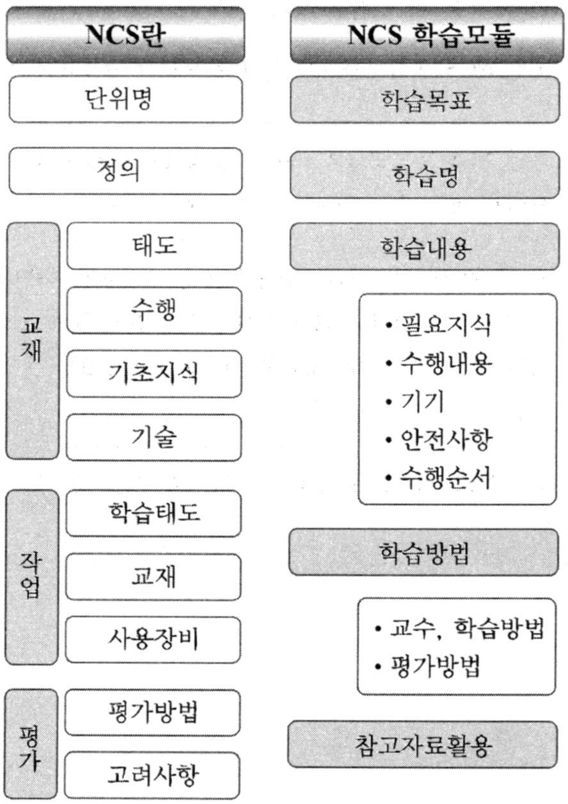

1) 단위명이란

특정한 직무에서 업무를 성공적으로 수행하기 위하여 요구되는 능력을 교육훈련 및 평가가 가능한 기능 단위로 학습한다.

2) 단위정의란

해당 능력단위를 구성하는 중요한 범위 안에서 수행 및 실습하는 기능을 도출한 것이다.

3) 기술서, 작업상황, 평가방법이란

각 능력단위요소별로 능력의 성취여부를 판단하기 위해 개인들이 도달해야 하는 수행의 기준을 제시한 것이다.

II. NCS 학습 활용 안내

▣ 학습모듈의 목표

실습항목인 배관·배선의 개념에 대한 이해와 효과적인 생각들을 실습을 통해 시각적으로 표현한다.

작업자 및 학습자가 해당 학습모듈을 통해 성취해야 할 목표를 제시한 것으로 교수나 학습자가 학습 모듈의 전체적인 내용흐름을 파악할 수 있도록 지도한다.

▣ 선수학습

1) 배관·배선 방법의 이유와 학습
2) 배관 및 배관 종류와 부품의 이해를 통한 선행학습
3) 배선의 실습을 통한 결선도 이해

교수나 학습자가 해당 모듈을 교수 또는 학습하기 이전에 이수해야 할 학습내용, 교과목, 핵심단어 등을 표기한다. 따라서 교수나 학습자가 개별학습, 자기 주도 학습, 방과 후 활동 등 다양한 방법을 통해 이수할 수 있도록 지도함이 필요하다.

- **교육훈련 대상 및 이수시간**

NCS 학습모듈을 통한 학습과 학습내용 및 이수시간을 나타낸다. 이를 통한 평가내용은 핵심용어와 같다.
또한 당해 모듈 또는 타 모듈에서도 핵심사이트(www.ncs.go.kr)에서 색인(찾아보기) 중 하나로 이용할 수 있다.

학습	학습내용	교육훈련 이수시간
1. 실습 내용 준비 및 파악하기	1-1. 배관·배선의 개념과 실습이란 1-2. 배관·배선 부속품 종류	2주
2. 실습 내용	2-1. 배관 시공하기 2-2. 트레이 시공하기 2-3. 덕트 시공하기 2-4. 배선 시공하기 2-5. 전선 시공하기 2-6. 배관·배선 검사	14주
총		16주

▣ 핵심용어

배관·배선시 다음사항을 파악한다.

1. 배선 의뢰인
2. 기획
3. 추진 배경
4. 목적
5. 내용
6. 요구사항
7. 정보 수집
8. 보고서
9. 일정
10. 예산
11. 인력
12. 권리
13. 책임
14. 계약 등

III. 배관·배선 평가 기준

▣ 배관 경로(관로 포함) 파악하기

영역	문항	미흡	보통	우수
배관 경로 파악하기 (관로 포함)	1. 학습자는 시방서와 도면의 배관 등의 경로를 숙지하고 현장 실사를 통해 배관 및 관로 경로를 확인한다.			
	2. 학습자는 배관 설치시 설비에 대한 최단거리를 선정한다.			
	3. 학습자는 배관 종류에 따른 굵기를 확인하고 규정에 따른 케이블 수용 능력에 대하여 파악한다.			
	4. 학습자는 배관별로 약전과 강전을 구별하였는지 검토한다.			
	5. 학습자는 배관 경로 및 케이블 종류에 따라 기술기준에 적합한 내용을 파악한다.			
	6. 학습자는 노출 배관 및 매립 배관의 경로를 파악한다.			
	7. 학습자는 배관 공사시 위험 요소를 미리 점검한다.			
	8. 학습자는 케이블 특성에 따라 전송 거리에 맞게 배관 경로를 선정한다.			

▣ 시스템 박스사양 파악 및 공사하기

영역	문항	미흡	보통	우수
시스템 박스 사양 파악 및 공사하기	9. 학습자는 도면에 표기되어 있는 시스템 박스의 위치를 확인한다.			
	10. 학습자는 매립 시스템 박스 설치 시 결로 현상 방지 및 마감 처리를 고려한다.			
	11. 학습자는 인증에 필요한 광, 전화, 데이터, 방송 등 인출구를 구분한다.			

▣ 기구물 파악 및 공사하기

영역	문항	미흡	보통	우수
기구물 파악 및 공사하기	12. 학습자는 건축 등 타 설비의 공정을 파악하여 각종 기구물을 조사한 후 시공에 반영한다.			
	13. 학습자는 배관 배선공사에 관련된 기구물 등을 파악하여 시공 시 적용한다.			
	14. 학습자는 배관 배선 설치 시 케이블 종류 및 용량을 확인하여 시공에 차질이 없도록 준비한다.			
	15. 학습자는 설계도면에 표시된 내용과 현장 실사를 통한 시공내용을 파악한다.			
	16. 학습자는 관련 법령 및 기술기준에 적합한 전기시설물과의 이격거리를 감안하여 시공한다.			

▣ 케이블 설치하기

영역	문항	미흡	보통	우수
케이블 설치하기	17. 학습자는 배관 용량에 적정한 케이블 설치 및 접속 자재를 파악하고 설치한다.			
	18. 학습자는 시방서의 시공내용을 파악하여 관련 규정에 적합하게 시공한다.			
	19. 학습자는 케이블 접속 자재를 사전에 확보하여 접속시 관련 규정에 적합하게 접속한다.			
	20. 학습자는 케이블 배선 및 접속 후 일정 간격으로 케이블 바인딩 후 표시물을 부착한다.			
	21. 학습자는 케이블 배선 시 곡률반경 등 설치기준에 따라 접속 및 성단을 위한 케이블 여장을 산정 한다.			

▣ 현장 정리하기

영역	문항	미흡	보통	우수
현장정리 및 청소하기	22. 학습자는 매일 작업 마감 후 배출된 쓰레기를 수거한다.			
	23. 학습자는 수거한 폐자재는 분리 수거후 관련 법규에 따라 처리한다.			
	24. 학습자는 현장 정리 정돈 교육은 안전 교육과 함께 실시한다.			

Part 2

배관 · 배선 공사의 학습

I. 실습실 사용 주의사항

1. 각 실험·실습실에서 이루어지는 실습은 반드시 안전관리자의 승인을 받아야 하고, 실험·실습 시작 전에 안전수칙을 충분히 숙지하여야 하며, 적절한 안전관련 보호 장비를 착용할 것.

2. 실험·실습실에서 원칙적으로 침식(잠자는 일과 먹는 일) 할 수 없음.

3. 실험·실습실에서는 금연, 정숙, 청결, 정리정돈을 유지할 것.

4. 실험·실습실에서는 난방용 전열기구 및 가스기구(실험용 가스기구는 제외) 등을 사용할 수 없음.

5. 실험·실습자는 실험·실습 중에 자리를 이탈해서는 안 되며, 부득이 이탈할 경우 안전관리자의 허락을 받아 안전수칙을 숙지시킨 대리인을 두어야 함.

6. 실험장치의 가동 중에는 정비 및 청소를 하지 말 것.

7. 실험장치용 장비의 밸브는 서서히 열고 서서히 잠그도록 할 것.

8. 가연물질은 진행 중인 실험에 필요한 최소량만을 보관 할 것.

9. 모든 실습장치는 담당자 이외에는 손대지 말 것.

10. 폭발물이나 스파크 등이 발생하는 위험한 실험 시에는 안전관리자의 입회하에 실험토록 할 것.

11. 실습장비 사용에 대한 주의사항은 반드시 준수할 것.

12. 인화성 물질을 사용하는 실험실에는 화기 진입을 금하도록 하며, 구급 및 소방장비 유지에 철저를 기할 것.

13. 인화성물질(유류, 가스 등)은 공기유통이 잘되고 사람의 접근이 많은 곳에서 격리시켜 보관하고, 통제구역표시를 할 것.

14. 통제구역은 허가 없이 출입하지 말 것이며, 부득이 출입 필요할 시에는 통제구역 안전 관리자에 승인을 반드시 받을 것.

15. 실험 · 실습실 최종 퇴실 자는 전기기구의 전원차단, 인화성물질 격리, 위험물의 안전한 정리정돈, 잠금장치 등을 확인할 것.

II. 배관 · 배선 공사 학습모듈의 개요

▣ 학습모듈의 개요

배관의 목적은 전선 및 케이블 등을 보호하기 위해서 전선관, 레이스웨이, 케이블 트레이와 박스 등 기타 부품을 설계도에 따라 시공하고 조명 설비나 동력 설비 등 전기를 필요로 하는 장소까지 전선 및 케이블을 안전하게 보호하기 위해서 공사한다.

[참 고]

1) 레이스웨이

레이스웨이(Race-Way)는 내선규정 등에는 규정하고 있지 않으나, 건축전기설비에 의하면, "금속제 배선용 덕트로써 덮개가 있으며 내부면적이 600 mm^2를 넘고 3,000 mm^2 이하인 것으로 원칙적으로 노출하여 시설하는 것"이라 정의하고 있다. 따라서, 레이스웨이는 내선규정 제440절 금속 덕트 배선을 준용하여야 할 것으로 판단된다.

■ **용도** 1. 사무실, 주차장 등
2. 전시장, 생산라인 등
3. 조명배선 등

■ **설치 예**

2) 케이블 트레이

배관에서 케이블 트레이는 건물을 통해 와이어, 케이블 및 도관을 안전하게 운반하는 데 사용되는 일종의 건축 자재이다. 케이블 트레이를 사용하여 벽과 천장 공간에 와이어를 연결할 수 있는 대신 케이블 트레이를 사용하여 이러한 와이어를 제어 된 방식으로 실행한다. 이 트레이는 건물 내에 필요한 다른 유형의 전기 케이블과 함께 전기, 통신 또는 보안 와이어를 운반 할 수 있다. 많은 지역 및 국가 건축법에 따라 특정 요구 사항은 다르지만 다양한 응용 분야에서 케이블 트레이를 사용하고 있다.

■ **용도** 1. 천정배선 등

■ **설치 예**

▣ 선수학습

전기 설비 기준의 판단 기준

▣ 학습모듈의 내용 체계

학습	학습내용	능력 수준
1. 배관 시공하기	1-1. 배관시공하기	3
2. 트레이 시공하기	2-1. 케이블트레이선정 2-2. 부속재선정	3
3. 버스 덕트 시공하기	3-1. 버스 덕트 설치 3-2. 절연 3-3. 버스 덕트 접지	3
4. 배선 시공하기	4-4. 배선방법 구상 4-4. 배선시공하기 4-3. 전선식별 표시하기	2
5. 전선 시공하기	5-1. 전선접속하기 5-2. 전선과 기구 단자 접속하기 5-3. 전선색 구분	2
6. 배관 · 배선 검사	6-1. 배관 · 배선 점검하기 6-2. 배관 · 배선 시공시험	3

III. 배관 · 배선 공사 부속품

▣ 학습모듈의 개요

학습내용은

1) 학습목표
2) 필요지식
3) 수행내용으로 구성하였으며,

수행내용은 재료 · 자료, 기기(장비 · 공구), 안전 · 유의사항, 수행순서, 수행 tip으로 구성한 것이다. 전선 및 케이블 등을 전선관이나 박스에 따라 시공할 때 전선관 등 안전 시공을 위하며 필요한 배관 · 배선 부속품을 숙지하고 공사한다.

▣ 선수학습

배관 · 배선 및 부속품 종류 학습

1) 배관 검사하기
2) 배선 시공하기
3) 전선 접속하기

▣ 부품종류

1) 오스터

금속배관의 시관에 나사선을 낼 때 사용하며, 손잡이가 달린 래치와 나사날을 내는 다이스로 이루어지며, 그림과 같은 다이스 돌리개의 일종을 말한다.

(a) 오스터 공구

(b) 작업 예

그림 1 오스터

그림 2 실 제작 모습

2) 밴딩

금속관을 구부리는데 사용하는 공구를 말한다.

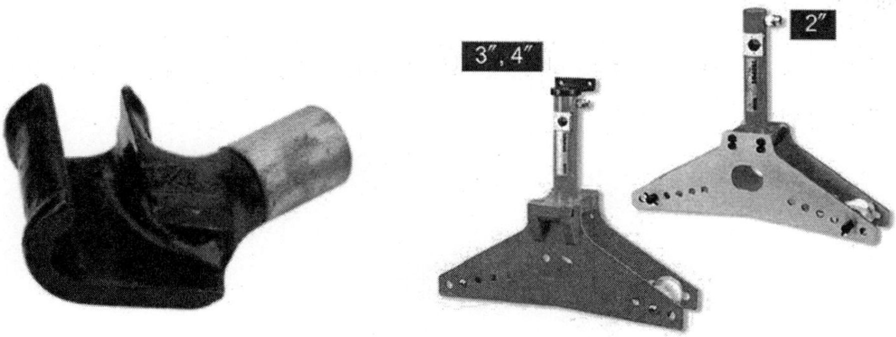

a. 히키(hickey)

b. 유압식 파이프 벤드

그림 3 밴딩 기구 종류

3) 파이퍼 커터

배관 파이프 절단 기구를 말한다.

(a) 엔진 톱

(b) 파이퍼 커터

그림 4 파이퍼 커터 기구 종류

4) 배관용 박스

배관의 끝이나 중간에 설치하는 금속 상자를 말하다. 주로 전선접속, 콘센트 등을 연결하는데 사용된다.

그림 5 배관용 박스

4-1) 분기배관 방식의 강점

- 공장이나 및 현장 모듈 조립에 따른 작업능률 향상으로 공기 단축하는데 사용
- 공장제작 및 현장 모듈 조립에 따른 기능공 및 현장인력 감소로 인건비 절감하는데 사용
- 현장설치 시, 타 공정과의 마찰을 최소화함으로써 작업환경개선 하는데 사용
- 파이프 감소 및 부속사용의 감소에 따른 자재비 절감하는데 사용
- 파이프 품질의 유지 및 결합 및 용접개소의 감소로 안정성 확보하는데 사용
- 단조 제품은 주물 제품에 비해 강도가 좋고, 기계적 성질이 우수하다.
- Outlet 제품을 이용한 분기배관 제작으로 강도 등 기계적 성질이 우수하다.
- 배관과 동종의 제품을 사용하여 내구성, 내열성, 내압성이 우수하며 최적의 안정성 확보하는데 사용
- 다양한 Outlet 부속을 활용가능하며, 현장요청사항에 즉각적인 100% 대응가능하는데 사용
- Outlet 부속을 이용함으로써 고압배관에도 적용 가능하다.

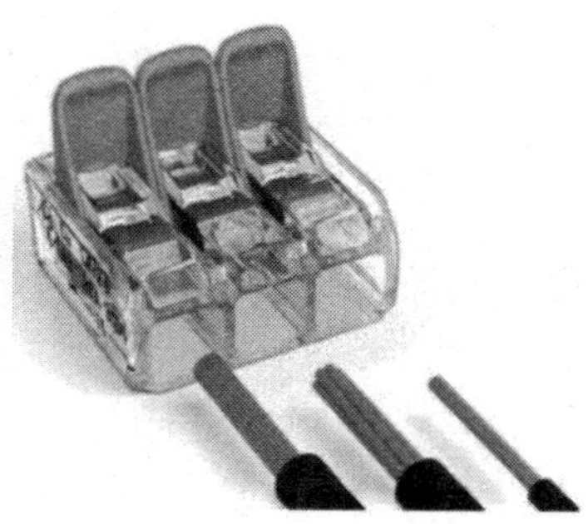

그림 6 전선 연결 방법(분기 자재 연결법)

5) 부싱

배관 공사시 금속관 부속품의 하나로 전선의 인입, 입출 시 절연피복을 보호하기 위해서 금속관의 관 끝에 설치하는 부품을 말한다.

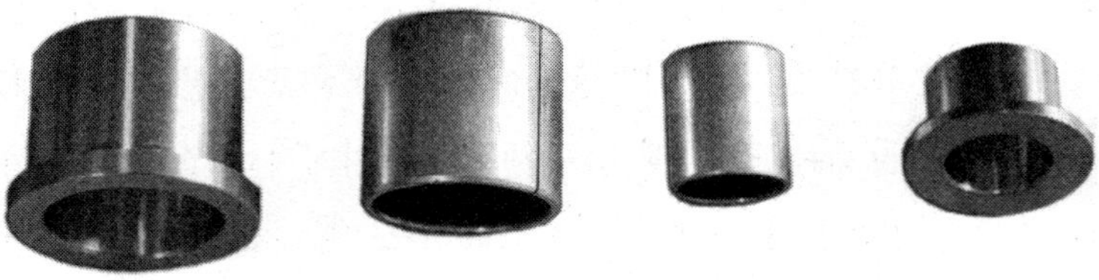

그림 7 부싱 배선 연결 예

6) 새들

배관을 할 때 배관을 고정하는 용도로 널리 이용하고 있는 일종의 공구이며, 종류로는 배관의 조합, 연결, 결합, 유지 보수를 하는 새들도 있다.

그림 8 새들의 종류

7) 너트

배관의 진동과 토크(힘)에 느슨해지지 않는 부속의 일종을 말한다.

그림 9 너트의 종류

8) 링리듀서

배관시 금속관 부속품의 하나이며, 용도는 전선의 인입, 입출 시 절연피복을 보호하기 위해서 금속관의 관 끝에 설치한다.

그림 10 링리듀서의 모습

9) 유니온 커플링

배관시 전선관 선로의 구간에 설치하는 연결부속이다.

그림 11 유니온 커플링의 모습

10) 노말밴드

강제전선관의 배관 시 직각으로 구부러진 부분에 사용한다.

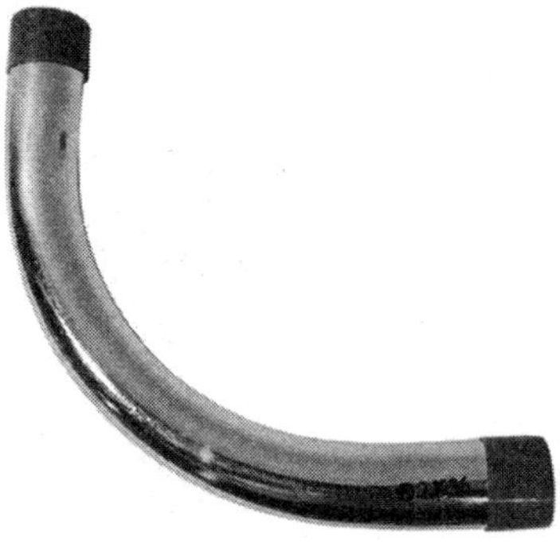

그림 12 노말밴드의 모습

11) 원터치 컨넥터

레버 조작으로 간단하게 전선을 결선할 수 있는 커넥터이다.

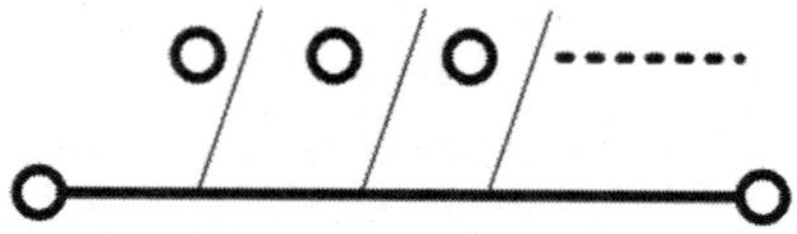

그림 13 내부 결선도

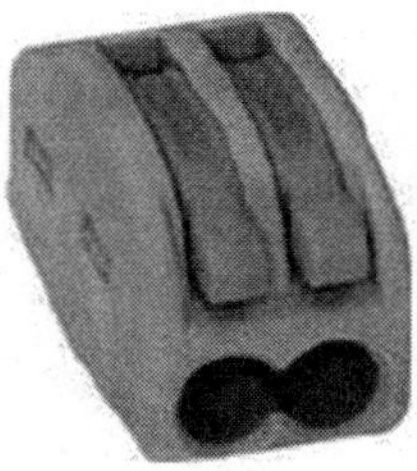

그림 14 원터치 컨넥터의 모습

12) 피시 테이프(요비선)

배관에 전선을 넣을 때 사용하는 공구이며, 안내선이라고도 불린다.

그림 15 피시 테이프(요비선)

13) 기타

배관 설치시 필요한 공구로 각종 토치램프, 쇠톱, 컨넥터 및 펜치, 니퍼, 케이블커터기, 터미널압착기, 와이어스트리퍼, 전공칼 등이 있다.

배관 배선시 이용되는 공구이다.

그림 16 기타 공구

▣ 스위치

1) 스위치

전류 흐름을 연결 및 차단하는 부품이다.

1-1) 단로 스위치

길이 하나인 스위치로 ON/OFF만 가능한 스위치이다.

- A접점이란 : 스위치가 열려있는 상태를 의미한다.
- B접점이란 : 스위치가 닫혀있는 상태를 의미한다.

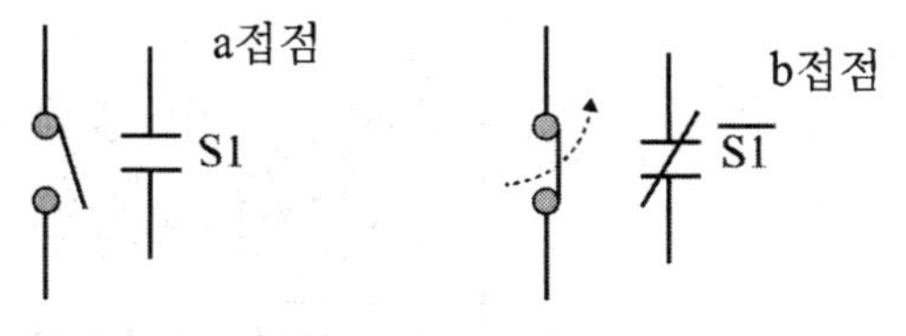

그림 17 단로 스위치 결선구조

1구 스위치는 하나의 스위치로 한 개의 부하(전등 등)를 ON, OFF할 수 있는 스위치이다.

2구 스위치는 두 개의 스위치가 내장되어 있어 스위치로 하나로 두개의 부하(전등 등)을 ON, OFF할 수 있는 스위치이다.

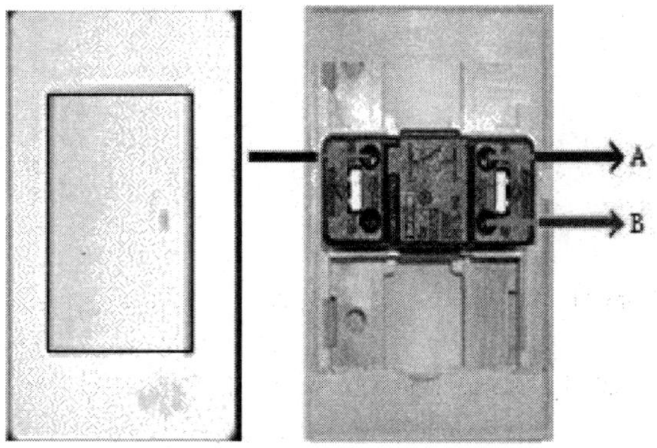

그림 18 싱글 단로 스위치 앞 · 뒷면

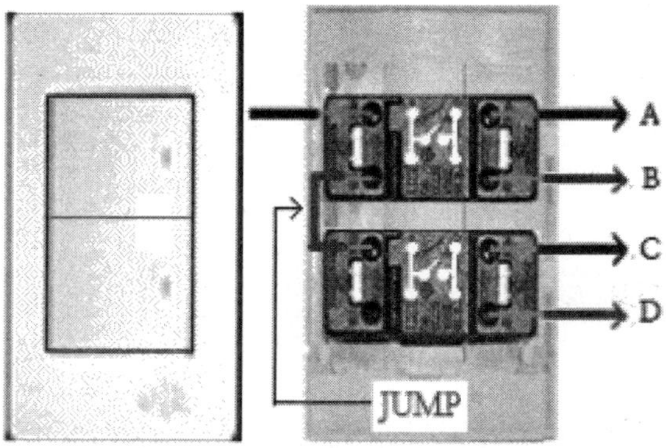

그림 19 2구 스위치 앞 · 뒷면

1-2) 3로 스위치

다른 두 지점에서 전등 한 개를 켜고/끌 필요가 있을 때 사용한다.
3로 스위치는 하나의 스위치에 A, B접점이 동시에 두 개 내장되어 있어 A, B접점을 하나의 스위치로 제어 할 수 있다.

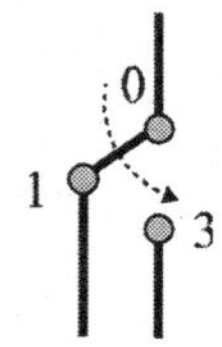

그림 20 3로 스위치 결선구조

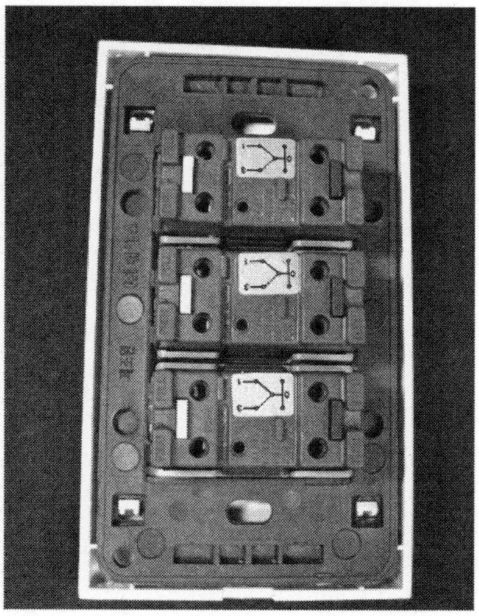

그림 21 3구 3로 스위치 뒷면

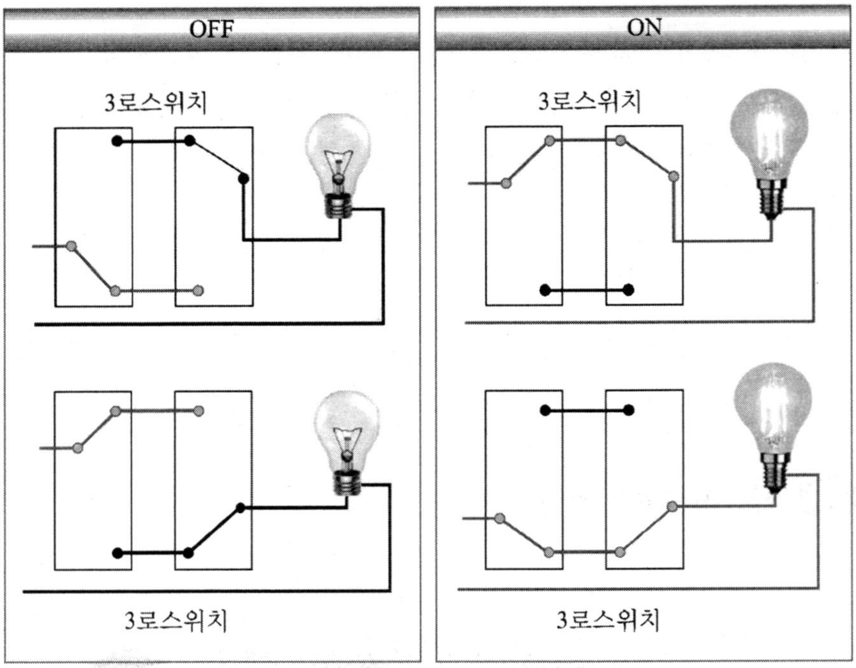

그림 22 3로 스위치 결선 예

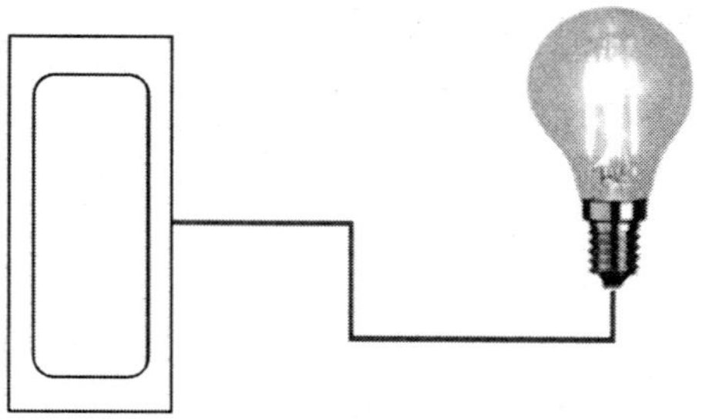

(a) 단로 스위치

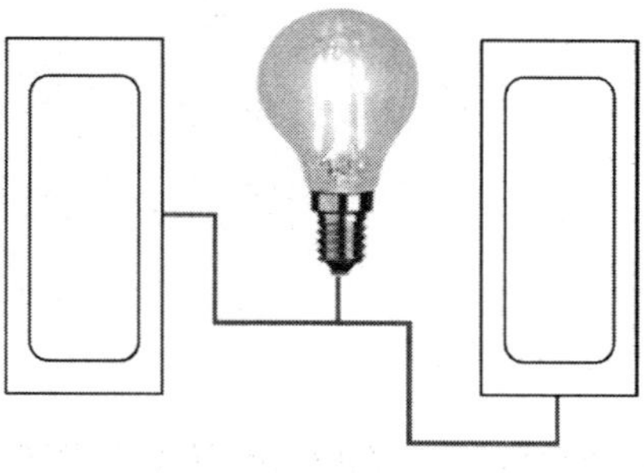

(b) 3로 스위치

그림 23 단로 스위치와 3로 스위치의 사용 예(차이)

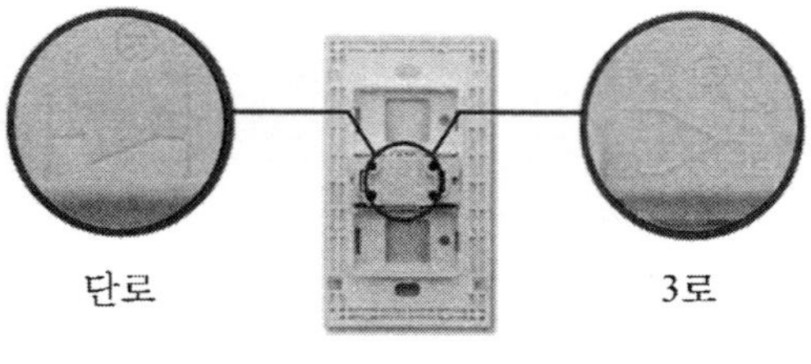

참고 스위치의 뒷부분 그림으로 단로, 3로 스위치를 구분한다.

단로 스위치는 스위치 하나에 조명 하나의 제어가 가능하나, 3로 스위치는 조명 하나에 스위치가 2개로 양쪽에서 제어할 수 있으며, 1층에서도 제어가 가능하고, 2층에서도 제어(ON, OFF)가 가능하다.

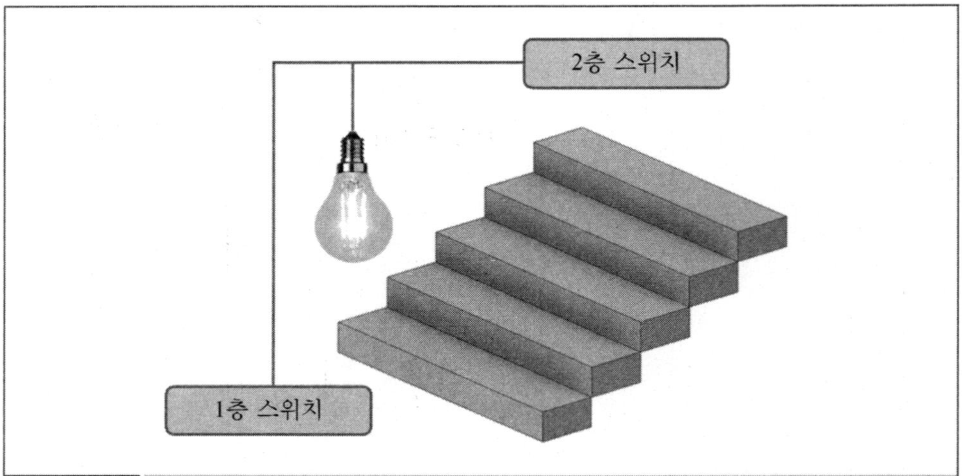

응용 예	1층 및 2층 어느 곳에서나 전등을 ON, OFF할 수 있는 원리이다.

1-3) 4로 스위치

4로스위치는, 전등을 3개소 이상에서 점멸(점소등)하기 위해 사용하는 스위치를 말하는데, 이 경우 반드시 시작과 말단부 스위치는 3로스위치를 사용하며, 시작과 말단부의 중간부에는 4로스위치를 사용하여야 한다.

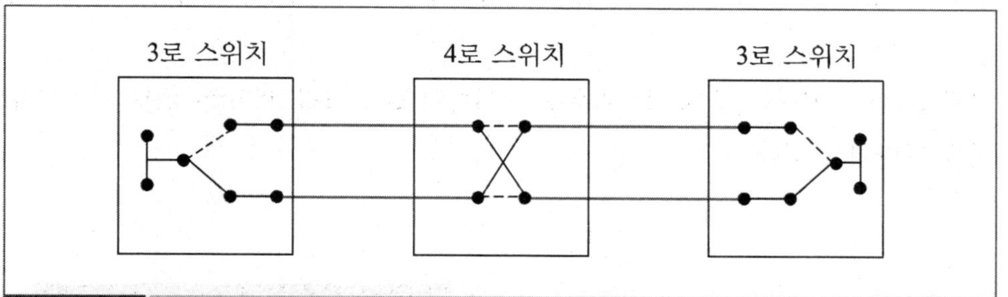

그림 24 4로 스위치 구성도

4로 스위치는 실선과 점선으로 연결선을 표시하며, 3군데에서 각각 점멸할 수 있는 스위치이다.

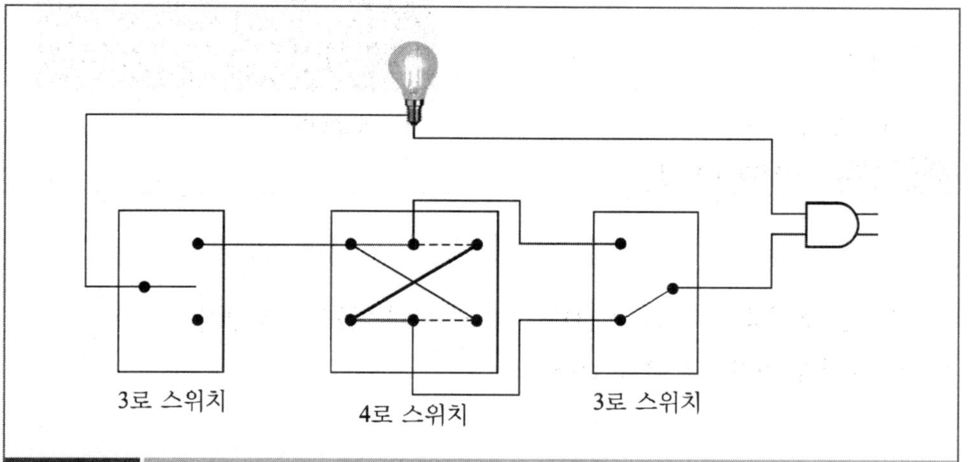

응용 예

▣ 배관 구부리기

1) 가열방법

토치램프는 전기 또는 가스를 사용하는 것으로 사용법을 사전에 충분히 익혀둔다. 토치램프는 화재, 화상 등의 위험이 따르므로 담당 선생님의 지시에 따라 사용한다. 토치램프로 가열할 때 좌우로 흔들면 날이 부러지기 쉬우므로 조심하여 사용한다.

그림 25(a)는 배관을 구부리는 치수를 표시하였으며, 그림 25(b)는 배관을 가열하는 방법을 나타내고 있다.

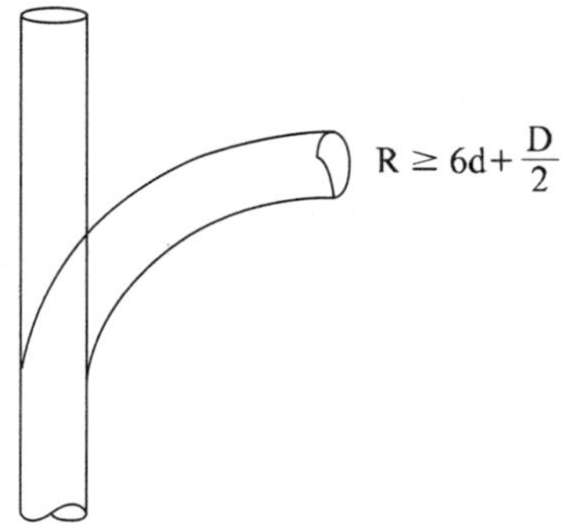

(a) 구부리기 치수표시

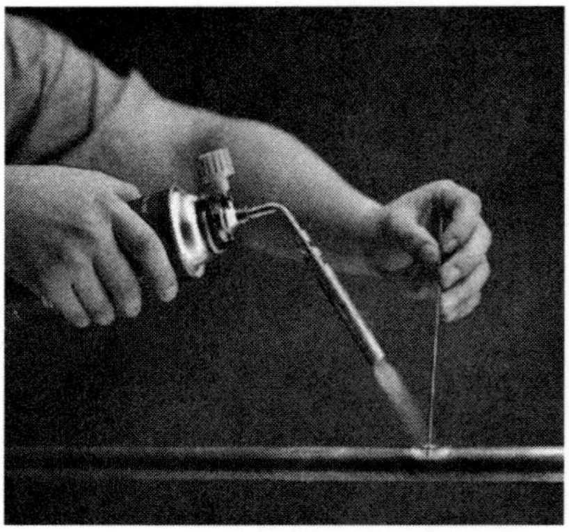

(b) 가열방법

그림 25 구부리기 방법

d는 전선관 안지름을 나타내며, D는 전선관 바깥지름을 나타낸다.
전선의 내경과 외경은 다음과 같다.

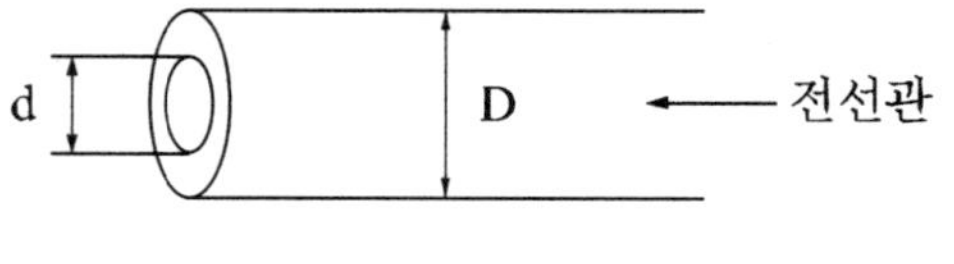

2) 벤딩 스프링방법

배관 안에 벤딩 스프링을 넣어 구부리는 방법으로 배관을 구부릴 때 스프링을 사용한다. 배관을 구부릴 때는 주로 무릎을 사용하여 벤딩한다. 벤딩시 구부리는 치수는 반드시 숙지하여 벤딩한다.

(a) 벤딩 스프링 방법

(b) 벤딩

그림 26 벤딩 스프링 방법

3) 파이프 커팅기 사용 방법

배관 절단은 커터나 쇠톱을 사용한다.
날카로우므로 사용시 안전에 주의한다.

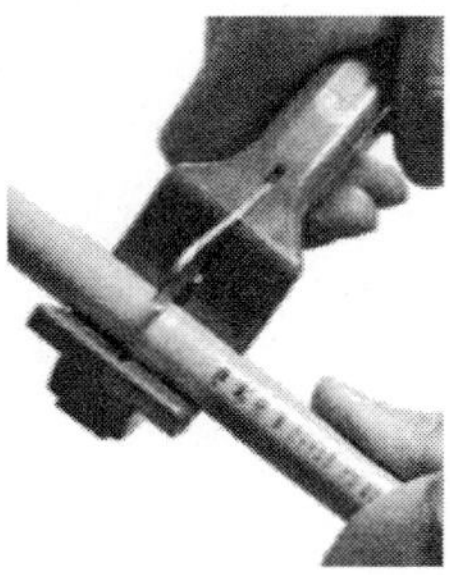

그림 27 벤딩 파이프 커팅 방법

▣ 배관 벤딩 치수 설정

파이프 밴딩은 말 그대로 파이프를 원하는 R값(둥글게)에 맞춰 굽히는 가공을 말한다. 즉, 파이프 벤딩은 배관공이 배관 작업 및 배관 설비의 제작 기능을 향상시키기 위해 사용하는 방법이다.

다음은 벤딩 치수를 설정하는 예를 나타내고 있다.

1) 16mm 경질 비닐(PVC) 전선관
2) 전선관 두께 : 2mm
3) 전선관 안지름(d) : 18mm
4) 전선관 바깥지름(D) : 22mm
5) 중심부 곡률 반지름 : $r \geq 6d + D/2 = 6 \times 18 + 22/2 = 119$mm
6) 구부릴 길이 : $L \geq 1/4 \times 2\pi r = 1/4 \times 2 \times 3.14 \times 119 = 187$mm

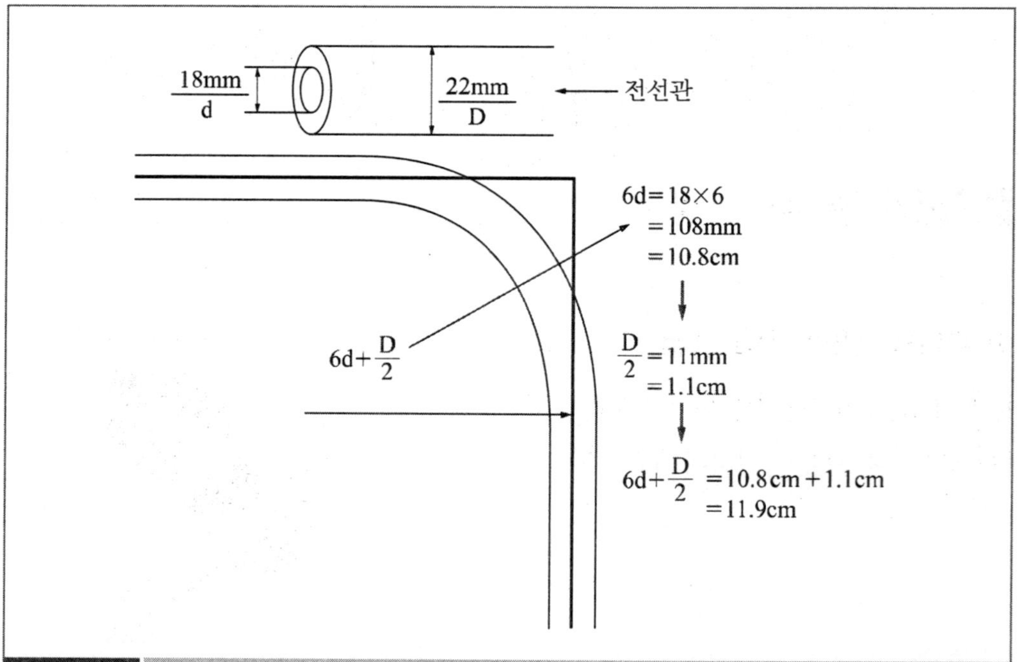

그림 28 벤딩 치수 설정

그림 29 벤딩 벤딩 후 모습

▣ 배관 기구 접속 방법

1) 기구 접속은 반드시 박스 안에서만 하여야 하며 접속 부분은 와이어 커넥터를 사용하여 처리한다.
2) 기구 접속은 전선의 색은 반드시 구분하여야 한다.
3) 전선 연결시 노출선이 나오면, 외부 기구와 접촉의 위험이 있어, 가급적 노출은 하지 않는다.

(a) NFB와 접속　(b) 등과의 접속　(c) 스위치와의 접속

그림 30 기구 접속 예

▣ 배관 종류

1) CD (Combine Duct) 전선관

건물 내부에 사용되는 전선관 중 가장 널리 쓰이는 것으로 합성수지 가요(마음대로 구부릴 수 있는) 전선관이라 한다. 다양한 색상이 존재한다.

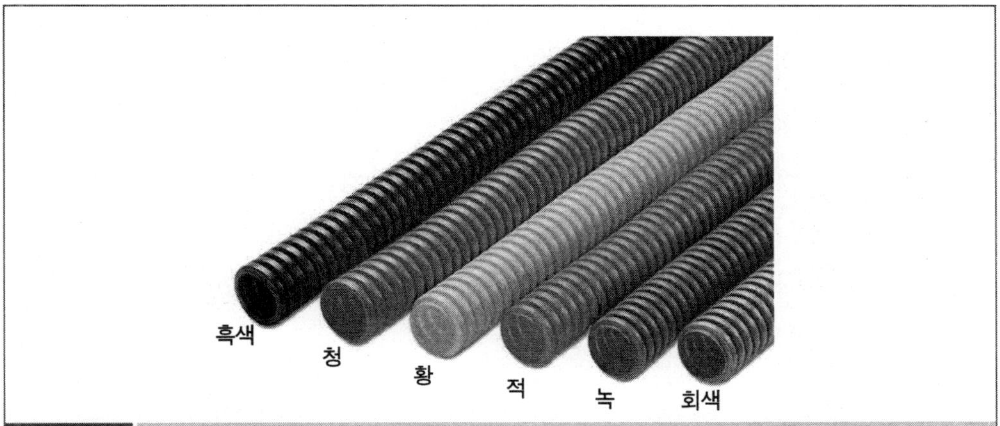

그림 31 CD관 종류

1-1) 특징

① 가요전선관은 적, 황, 녹, 청, 회, 백, 흑색이 있고, 가장 많이 사용하는 것은 백색과 흑색이다.
② 가요성(휨)이 좋다.
③ 색상별로 제품이 있어서 배관이 용이하다.
④ 외부에 주름이 있다.
⑤ 콘크리트 매입용으로 사용하며,
⑥ 노출 배관용으로 사용해서는 안 된다.

1-2) 규격

[표 1] CD관 굵기 선정

도체 단면적 [mm^2]	전선 본수									
	1	2	3	4	5	6	7	8	9	10
	전선관의 최소 굵기[mm]									
2.5	14	14	14	14	16	16	22	22	22	22
4	14	14	14	16	22	22	22	22	22	22
6	14	16	16	22	22	22	28	28	28	28
10	14	22	22	28	28	28	28	36	36	36
16	16	22	28	28	36	36	42	42		
25	16	28	36	36	42	42				
35	22	36	42							
50	22	42								
70	28	42								
95	28									

1-3) 종류

① CD 전선관은 일반 CD전선관과 난연 CD전선관이 있다.

② 난연 CD전선관은 '자기소화성'이란 기능이 있어 화재가 발생해도 불이 자기 스스로 빨리 꺼지는 기능을 가지고 있다.

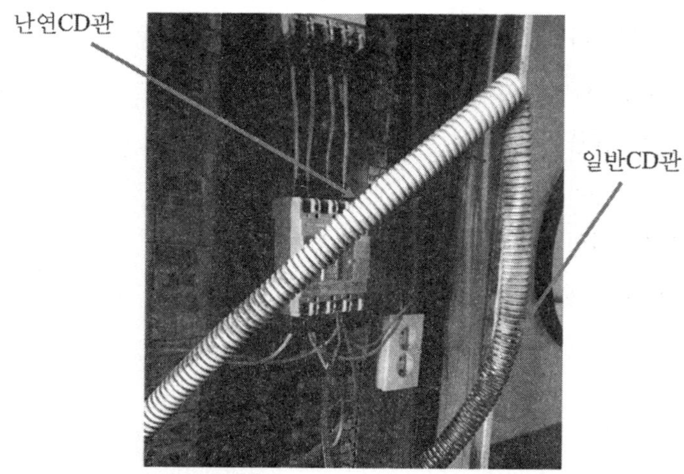

그림 32 일반 CD관과 난연 CD관

1-4) 용도

아파트, 연립, 일반 주택 신축·개보수, 기타 건설 및 각종 지중성 보호용 전기설비공사에 주로 전선 보호용으로 많이 사용한다.

2) 경질 비닐(PVC) 전선관

염화 비닐을 주성분으로 압축 성형을 해서 만들어진 전기 배선을 보호하기 위한 전선관. 관의 색은 회색을 표준으로 하고 있다.

그림 33 PVC관 종류

2-1) 특징

① 내충격이 우수하여 깨지지 않는다.

② 전기, 절연성 및 내약품성이 우수하다.

③ 굽힘, 접착 등의 가공이 용이하여 복잡한 배선공사에도 쉽게 적용할 수 있다.

④ 관의 내면이 고르고 매끈하여 전선의 인입이 부드럽고, 피복이 상하지 않는다.

⑤ 인장강도 : 500 ~ 540 kg/cm^2

⑥ 신장율 : 50 ~ 150 %

⑦ 충격강도(CHARPY Value) : 20 $kg \cdot cm/cm^2$

2-2) 규격

[표 2] PVC관 굵기 선정

도체 단면적 [mm²]	전선 본수									
	1	2	3	4	5	6	7	8	9	10
	전선관의 최소 굵기[mm]									
2.5	14	14	16	16	16	22	22	28	28	36
4	14	16	16	22	22	28	28	28	36	36
6	14	16	22	28	28	36	28	36	36	42
10	14	22	28	28	36	36	36	42	54	54
16	16	22	28	36	42	42	42	54	54	54
25	16	28	42	42	54	54	54	54	54	70
35	16	36	42	54	54	54	70	70	70	70
50	22	42	54	70	70	70	70	82	82	
70	28	54	54	70	70	70	82	82		
95	28	54	70	82	82	82				
120	36	54	70	82	82					
150	36	70	70							
185	42	70	82							
240	54	82	82							

2-3) 종류

PVC관은 잘 꺽이지 않는다는 단점이 있으나, 직진성은 매우 좋다.

[표 3] PVC관 종류

호칭	내경[mm]	외경[mm]	길이[m]
16호	16.0	21.3±0.2	4
22호	22.0	27.5±0.25	
28호	28.0	34.0±0.3	
36호	36.0	42.0±0.35	
42호	42.0	48.0±0.4	
54호	54.0	60.0±0.5	
70호	70.0	76.0±0.5	
82호	82.0	89.0±0.5	
100호	100.0	95.0±0.6	
104호	104.0	111.0±0.6	

2-4) 용도

내충격용으로 많이 사용한다.

3) PE관

고밀도폴리에틸렌(HDPE)을 원재료로 생산되는 파이프를 줄여서 PE관이라 한다. 흔히들 알고계시는 PVC관(경질폴리염화비닐관)은 경도는 좋지만 깨어지는 성질을 지니고 있다.

(a) PE롤관

직관(6m, 9m, 12m)

(b) PE직관

그림 34 PE관 종류

3-1) 특징

장점 1. 가볍고 시공이 간편하다.
2. 유연하여 휨이 쉽다.
3. 내화학성과 내부식성이 탁월하다.
4. 이음방법이 다양하다.
5. 충격에 강하다.
6. 내마모성이 우수하다.
7. 동절기에도 파손이 없다.
8. 소구경의 경우 롤로 제작이 가능하여 연결부위가 적어진다.

단점 1. 외압 강도가 약하다.
2. 외부 충격에 다소 약하다.
3. 열에 약하다.

3-2) 굵기 선정

[표 4] PE관 굵기 선정

구KS 호칭 (A)	신KS 호칭 (mm)	O.D		SDR	Thickness		Operation Pressure (kg/cm^2·g at 40℃)					Fusion Type
		min	max		min	max	Pipe	Elbow	Tee	Reducer	Adapter	
20	25	25.0	25.3	SDR11	2.3	2.7	11.84	11.84	11.84	11.84	11.84	Socket
25	32	32.0	32.3		3.0	3.4	11.84	11.84	11.84	11.84	11.84	
32	40	40.0	40.4		3.7	4.2	11.84	11.84	11.84	11.84	11.84	
40	50	50.0	50.4		4.6	5.2	11.84	11.84	11.84	11.84	11.84	
50	63	63.0	63.4		5.8	6.5	11.84	11.84	11.84	11.84	11.84	
65	75	75.0	75.5		6.8	7.6	11.84	11.84	11.84	11.84	11.84	
75	90	90.0	90.6		8.2	9.2	11.84	11.84	11.84	11.84	11.84	Butt
100	110	110.0	110.7		10.0	11.1	11.84	11.84	11.84	11.84	11.84	
125	140	140.0	140.9		12.7	14.1	11.84	11.84	11.84	11.84	11.84	
150	160	160.0	161.0		14.6	16.2	11.84	11.84	11.84	11.84	11.84	
200	225	225.0	226.4		20.5	22.7	11.84	11.84	11.84	11.84	11.84	
250	280	280.0	281.7		25.4	28.1	11.84	11.84	11.84	11.84	11.84	
300	315	315.0	36.9		28.6	31.6	11.84	11.84	11.84	11.84	11.84	
350	355	355.0	357.2		32.2	35.6	11.84	11.84	11.84	11.84	11.84	
400	400	400.0	402.4		36.3	40.1	11.84	11.84	11.84	11.84	11.84	
450	450	450.0	452.7		40.9	45.1	11.84	11.84	11.84	11.84	11.84	
500	500	500.0	503.0		45.4	50.1	11.84	11.84	11.84	11.84	11.84	
550	560	560.0	563.4		50.8	56.0	11.84	11.84	11.84	11.84	11.84	
600	630	630.0	633.8		57.2	63.1	11.84	11.84	11.84	11.84	11.84	
700	710	710.0	716.4	SDR17	52.2	57.6	7.4	5.92	7.4	7.4	7.4	
800	800	800.0	807.2		58.8	64.8	7.4	5.92	7.4	7.4	7.4	
900	900	900.0	908.1		53.3	58.8	7.4	5.92	7.4	7.4	7.4	

3-3) 규격

[표 5] 규격

규격	외경[mm]	두께[mm]	규격	외경[mm]	두께[mm]
16	21.5~22.0	2.5~3.0	150	165.0~167.6	15.3~17.0
20	27.0~27.6	3.0~3.5	200	216.0~218.8	19.5~21.7
25	34.0~34.7	3.5~4.1	250	267.0~270.1	24.3~26.8
30	42.0~42.8	4.0~4.7	300	318.0~321.3	28.9~32.2
40	48.0~48.9	4.5~5.2	350	370.0~373.3	33.6~37.1
50	60.0~61.0	5.5~6.3	400	420.0~423.7	38.2~44.1
65	76.0~77.3	6.6~7.5	450	457.2~461.3	41.6~48.0
75	89.0~90.5	8.1~9.2	500	508.0~512.5	46.2~53.3
100	114.0~115.0	10.4~11.7	600	609.6~615.0	55.4~63.9
125	140.0~142.3	12.7~14.2			

3-4) 용도

보통 PE 배관을 얘기하면 PE 수도관을 뜻한다. 수도용 PE 파이프는 KS M 3408-2 규격에 규정된 수도용 PE 파이프를 이야기하는데, 2000년대 중반 KS 규격 국제규격 부합화의 일환으로 기존의 KS M 3408-2는 국제 규격 ISO에 부합하는 치수이다.

4) 금속관

이들은 금속관 형태라 한번 자리 잡으면 이동이 쉽지 않으나 금속관의 가장 큰 장점인 튼튼한 내구성과 내화성이 있다. 금속 자체가 합성수지제보다 훨씬 단단하다. 그리고 불에 타질 않는다. 기름을 이용해 만든 합성수지제는 불에 안타게 만드는 게 불가능하다.

(a) 스테인레스관 (b) 동관/동합금관

그림 35 금속관 종류

4-1) 특징

장점 1. 내열성이 우수하다.
2. 강도가 크므로 전선이 기계적으로 보호된다.
3. 지락에 의한 화재의 염려가 없다.
4. 완전한 접지공사가 실시되므로 접지 사고시 감전의 염려가 적다.
5. 콘크리트와 접착력이 양호하다.
6. 부등침하시 전선관이 절단될 우려가 적다.

단점 1. 내약품성 및 부식에 약하다.
2. 관자체가 자성체이므로 왕복선을 동일관 내에 수용하여야 한다.
3. 무게가 무거워서 현장 취급이 어렵다.
4. 전기 도전성이므로 접지 공사를 하여야 한다.

4-2) 굵기 선정

[표 6] 금속관 굵기 선정

호칭	내경[mm]	외경[mm]	두께[mm]	무게[kg/본]
G16	16	21	2.3	3.88
G22	22	26.5	2.3	5.01
G28	28	33.3	2.5	6.95
G36	36	41.9	2.5	8.89
G42	42	47.8	2.5	10.2
G54	54	59.6	2.8	14.3
G70	70	75.2	2.8	18.3
G82	82	87.9	2.8	21.5
G92	92	100.7	3.5	30.2
G104	104	113.4	3.5	34.7

4-3) 용도

일명 스틸전선관이라고 하며, 철로 된 전선관이다. 강제 전선관이라고도 하며 후강 전선관이라고도 한다. 철로 된 전선관이기 때문에 부식이 생길 수 있으므로 표면을 아연도금하고 있다. 이 강제전선관은 정말 튼튼한 전선관 작업이 필요할 때 사용하며, 폭발이나 가연성이 있는 곳에서도 사용된다.

▣ 전선 피복 벗기기

콘센트나 플러그 결선을 위해서 피복은 약 1 cm 미만으로 벗겨낸다. 피복을 벗기는 용도로 각가지 공구를 사용한다. 피복을 벗길시 스크래치 나지 않도록 주의한다.

1) 스트리퍼 사용

그림 36 스트리퍼를 이용한 피복 벗기기

1-1) 자동 스트리퍼 사용

그림 37 자동 스트리퍼를 이용한 피복 벗기기

1–2) 펜치 사용

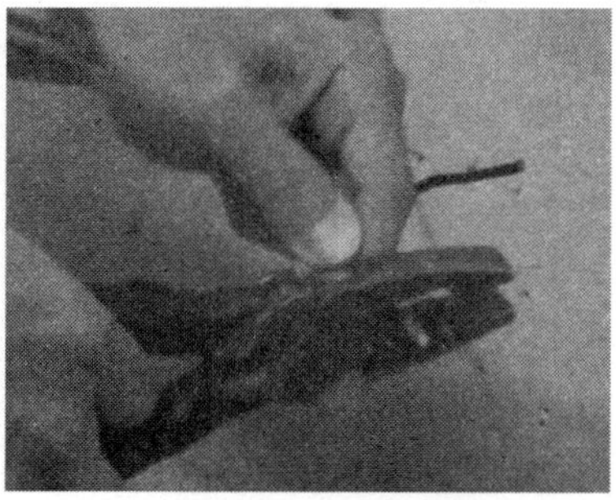

그림 38 펜치를 이용한 피복 벗기기

1–3) 닛퍼 사용

그림 39 닛퍼를 이용한 피복 벗기기

1–4) 전선 피복 벗기기

전선에서 전기가 통하지 않기 위한 절연 피복이 씌워져 있다. 이것을 결선을 하기 위해서 이 피복을 벗겨서 동심을 조인하고 콘넥터를 끼우는 작업으로 전선 길이는 약 1 cm 내외로 깐다.

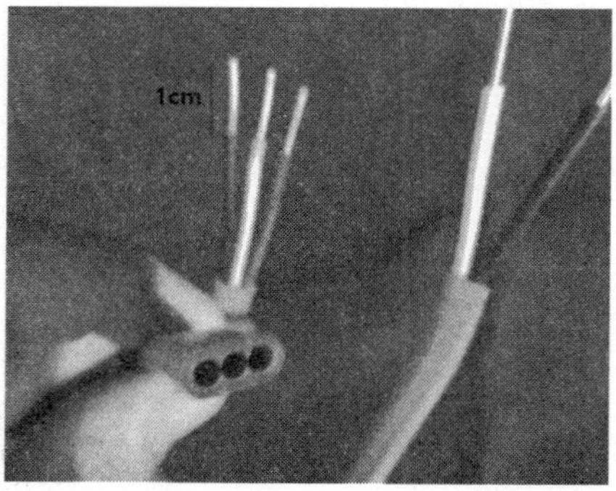

그림 40 피복 벗긴 구리선 길이

▣ 전선관 전선케이블 간의 빅스의 접속

1) 배관 박스와 배관 케이블 간의 연결 부품

1. 1호 커플링

   커플링을 토치로 가열하여 양쪽관이 같은 길이로 맞닿게 한다.

2. 2호 커플링

   커플링 중앙부에 관 막이가 있다.

3. 3호 커플링

   커플링 중앙부의 관 막이가 2호보다 좁아 관이 깊이 들어가고, 온도 변화에 따라 신축 작용이 되는 특징을 가지고 있다.

4. 4호 커플링(TS 커플링)

   커플링 양쪽 입구의 지름이 중앙부보다 길게 되어 있다.

5. 컴비네이션 커플링

   커플링 한쪽은 TS 커플링으로 되어 있고, 관 막이의 다른 한쪽은 고무링을 끼워 접속하게 되어 있다.

6. 슬리브 접속

   같은 두 관에서 한 관의 끝을 가열하여 접속한다.

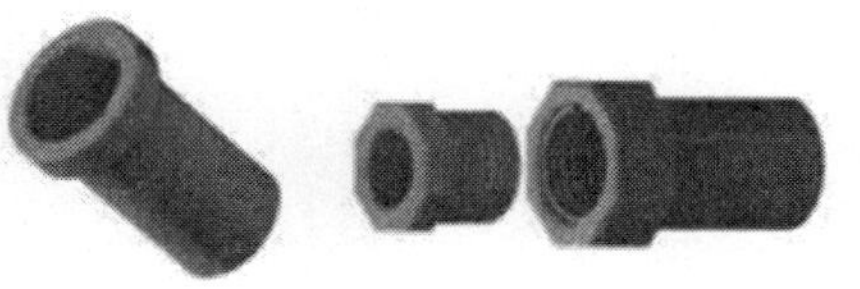

그림 41 박스 연결 빅스

7. 전선관 규격에 맞는 새들로 배관을 견고하게 지지한다.

8. 배관 지지점 사이의 이격거리는 1.5 m 이하로 하며, 관과 관, 박스와 관 또는 관 끝은 각각 0.3 m 이내로 지지한다.

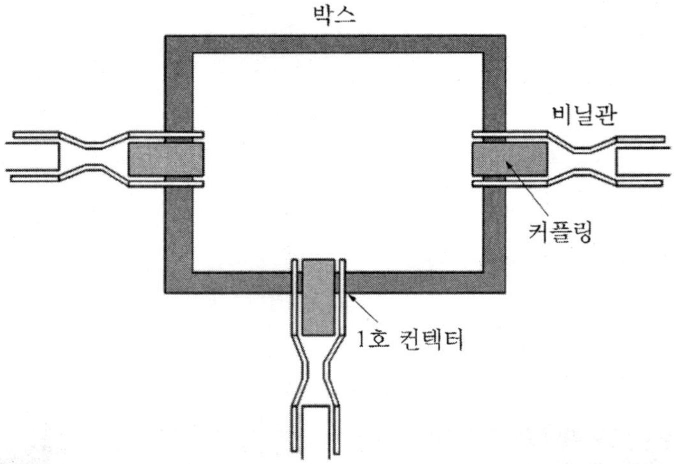

그림 42 배관 박스 접속

▣ 배관 시공하기 예

1) 시공 예

1. 스위치에 배관을 시공한다.
2. 전선관은 R곡선을 준다.
3. 전선관이 뜨지 않도록 새들로 고정한다.
4. 분기박스로 좌우배관을 분기한다.

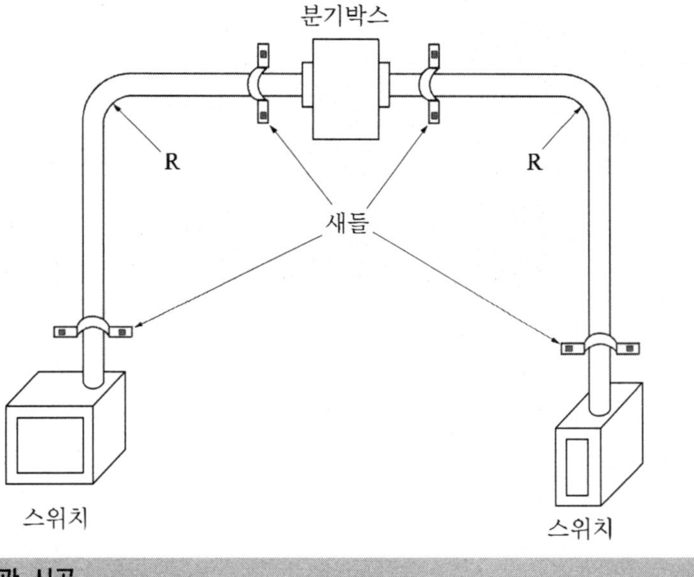

그림 43 배관 시공

그림 44는 실제 배관 작업 모습이다.

그림 44 배관 작업 예

2) 배관 시공 방법

1. 먼저 배관 작업시 분필 등과 같은 것으로 배관 설치 및 스위치 등이 설치될 위치를 그린다.
2. 사용할 배관종류를 선정한다.
3. 그림 위치에 따라 스위치 및 박스를 연결하고, 배관을 한다.
4. 배관 부품을 선정한다.
5. 배관을 그림대로 시공한다.

▣ 실험 실습 장비

1) 실습보드

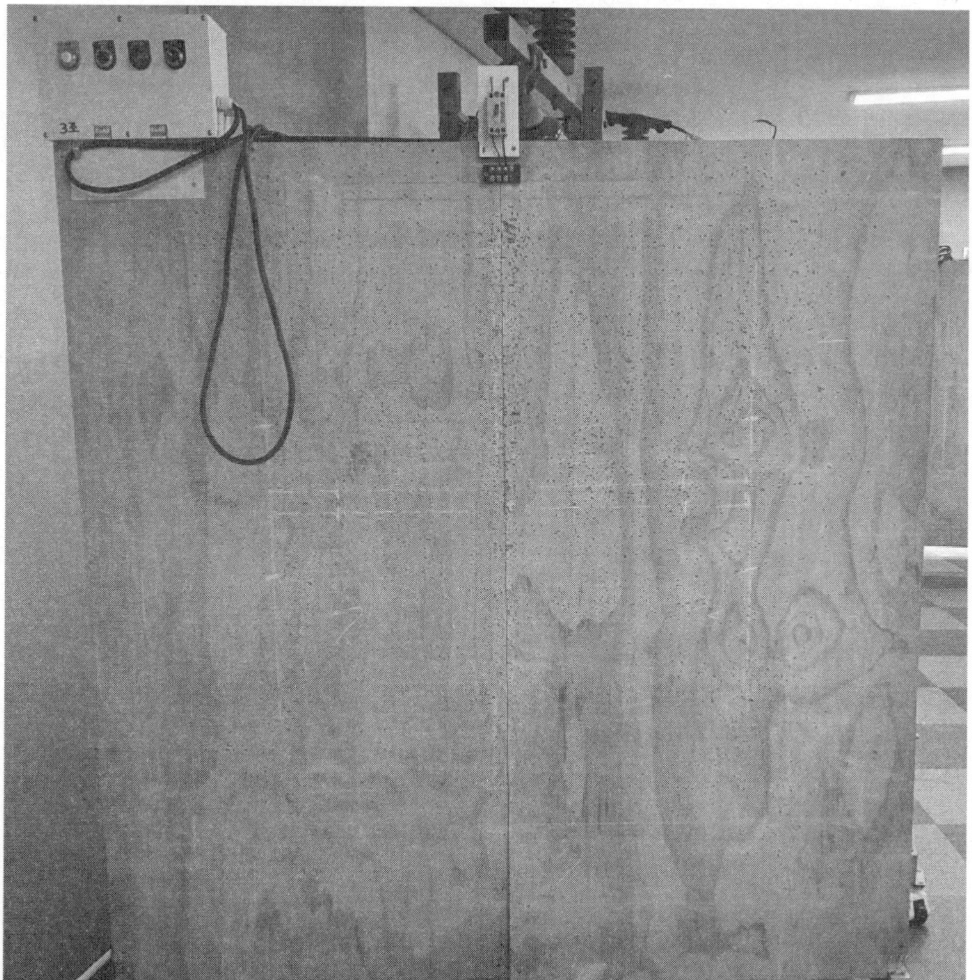

그림 45 실습 보드

1. 실습보드 사이즈 : 가로 세로는 약 1800 mm × 1800 mm
2. 전원 쇼트 방지용 스위치가 내장 되어있다.
3. 과부하용 배선차단기가 장착되어 있다.

2) 스위치

스위치란 전류 흐름을 차단 또는 연결하는 부품이다.

사람이 물리적으로 눌러서 차단 또는 연결하는 스위치이다. 대부분은 사람이 물리적으로 힘을 가해 ON이며, 떼면 OFF 상태가 된다.

그림 46 스위치 원리

그림 47 산업용 스위치

3) NFB

NFB(No Fuse Breaker)는 퓨즈가 없는(No Fuse) 배선용차단기를 말하며, 과부하 차단 보호가 목적이다. 2구나 3구 등을 주로 사용하고 있다.

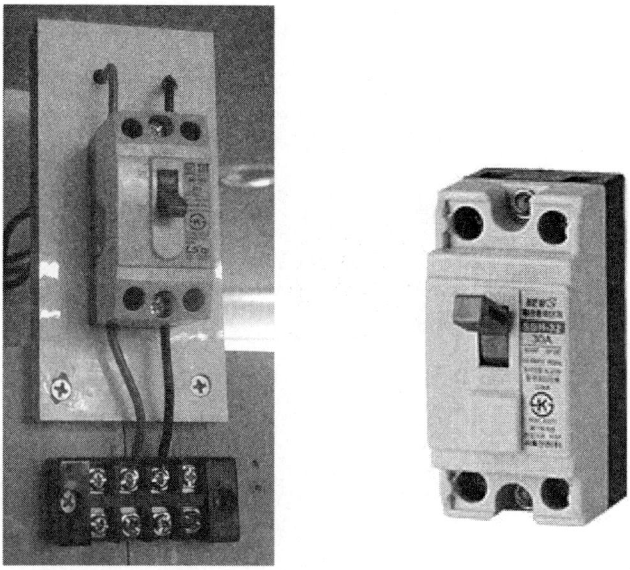

그림 48 NFB(배선용 차단기)

4) 전선 연결 방법

반드시 전선은 단자대 나사의 왼쪽에 넣고 나사를 오른쪽으로 돌린다.

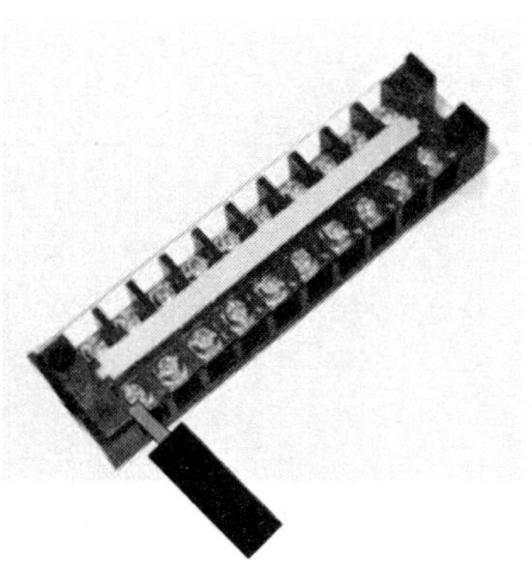

▣ 전선이란

1) 전선이란

나선, 절연 전선, 케이블 및 코드 등의 전기를 흘리는 금속선의 총칭으로 최근에는 광섬유 케이블처럼 광 신호를 전송하는 것도 포함된다.
전선은 전기를 전달하기 위한 선으로 나선, 절연전선, 케이블 및 코드 등의 총칭이다.

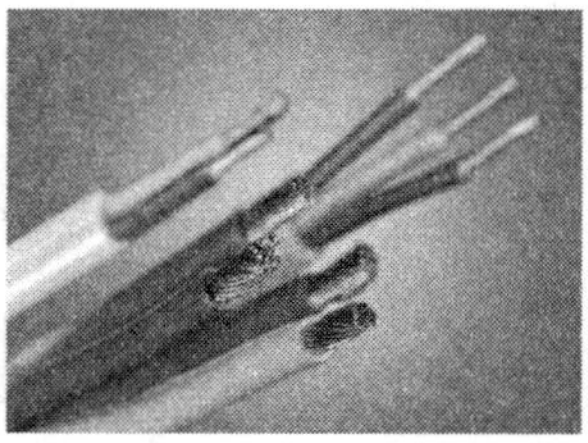

그림 49 전선

2) 도체란

전기가 통하는 금속 부분으로 구리, 알루미늄 또는 각각의 합금의 단선(한 가닥인 것) 또는 연선(여러 선을 집합)으로 구성되어 있다.

• 절연전선과 케이블의 차이

절연체는 간단하게 말하면, 절연체라고 하는 것은 전기를 거의 통하지 않는 물질을 말한다. 전기가 흐르는 금속을 만지면 보통은 감전되지만, 절연체로 덮고 있으면 전기를 통하지 않기 때문에 만져도 전기는 흐르지 않는다.

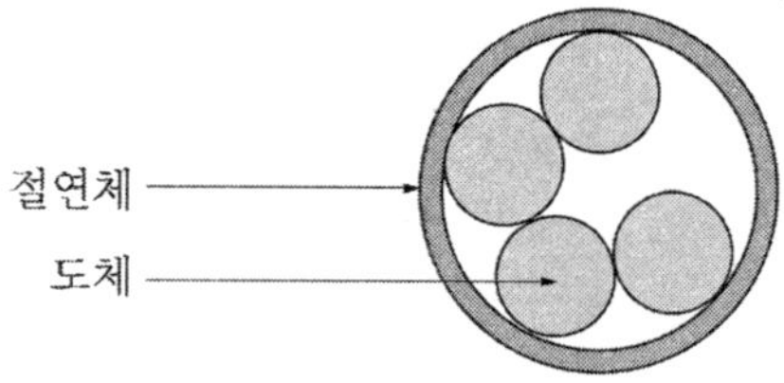

그림 50 도체와 절연체

3) 절연전선이란

절연 전선(insulated wire)은 도체 위에 절연체(PVC, PE)만을 피복한 것으로, 절연체가 적용되지 않고 사용되는 나선에 비해 감전 등의 사고를 방지할 수 있다. 그러나 고전압에서는 접촉시 감전의 위험이 있을 수 있어 주로 조명용, 전열(콘센트)용, 조작패널 등에서 배선용으로 많이 사용된다. 케이블(선심과 시스 사이에 쉴드를 실시하는 케이블도 있다.)

절연전선이란 구리, 알루미늄 또는 각각의 합금의 단선 또는 연선을 적당한 절연물로써 완전히 피복 절연된 것을 이른다.

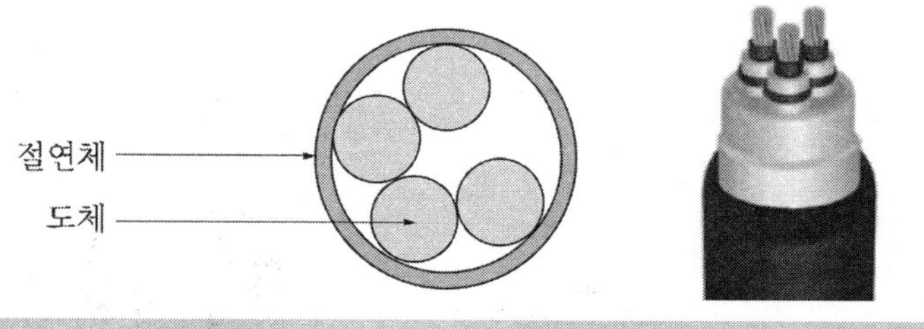

그림 51 절연전선

4) 케이블이란

케이블은 구조상 절연전선과 달리 이중 피복의 형태 즉, 외부에 피복(sheath, 시스)을 지닌 전선을 의미하며 multi화된 전선들이 이에 속한다. 절연체외에 외피(sheath)가 추가적으로 가지고 있기 때문에 사람이나 도전성 물체가 접촉되어도 감전이나 누전의 위험이 없다.

차폐 층(쉴드)은 제어용 케이블 등 중요한 신호를 전송하는 케이블에 근처 대 전류, 고전압 전선기기로부터 오는 전기적 영향을 방지하기 위해 선심(도체에 절연을 실시한 하나 하나의 절연 전선)과 시스 사이의 층을 말한다.

케이블은 한쌍의 절연전선 위에 또는 2쌍 이상의 절연전선을 연합한 것 위에 적당한 금속 또는 절연물로 완전히 피복 보호한 것이다.

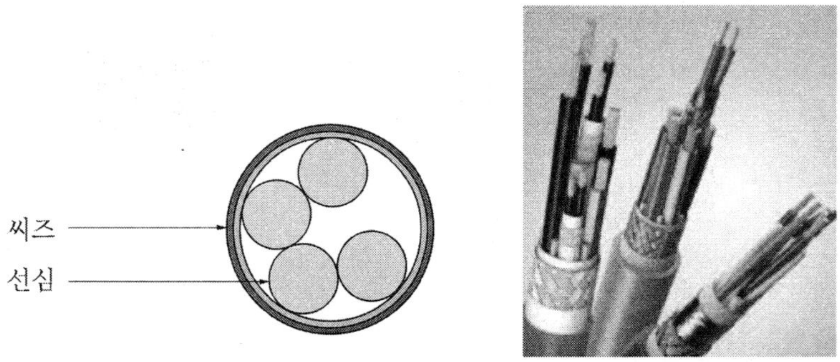

그림 52 케이블

▣ 전선종류

1) 단선

전선 속에 구리가 한 가닥만 있는 것을 단선이라 한다. 굵고 튼튼하다. 장력(張力)이 부족하고, 굵은 것은 그 취급이 곤란하기 때문에 옥내배선에 사용되는 것은 보통 3.2 (mm) 정도까지이며 특히 합성 수지관, 금속관, 가요 전선관 등에 전선을 넣을 때는 3.2 (mm) 이하를 제외하고는 전부 연선을 사용해야 한다.

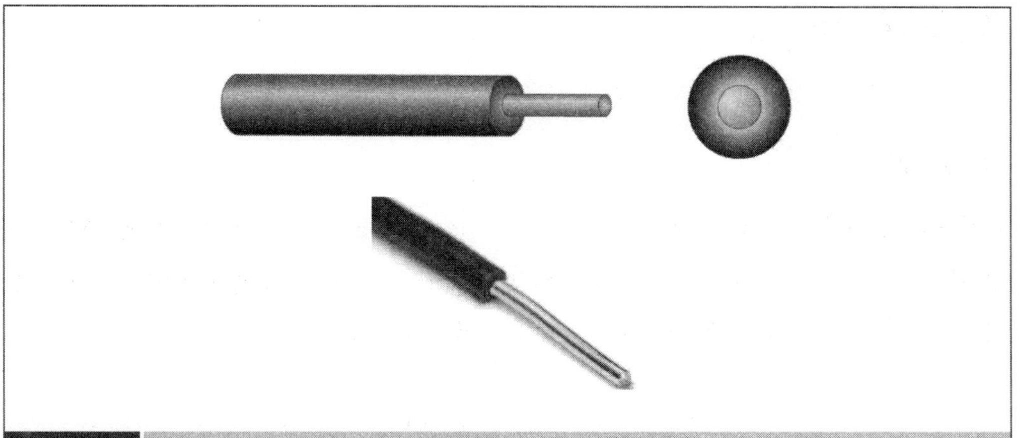

그림 53 단선

2) 연선

소선이라고도 하며, 전선 속에 구리가 여러 가닥 들어간 것으로 가늘고 실처럼 연하다. 일반 옥내 배선에 사용되는 연선은 동심(同心) 연선이며 동심 연선은 같은 굵기의 소선(素線)을 여러 가닥의 동심 원주 위에 배연한 것으로 중심에 한 줄 다음 층은 6가닥 다음은 12가닥으로 6가닥씩 증가하도록 되어 있다.

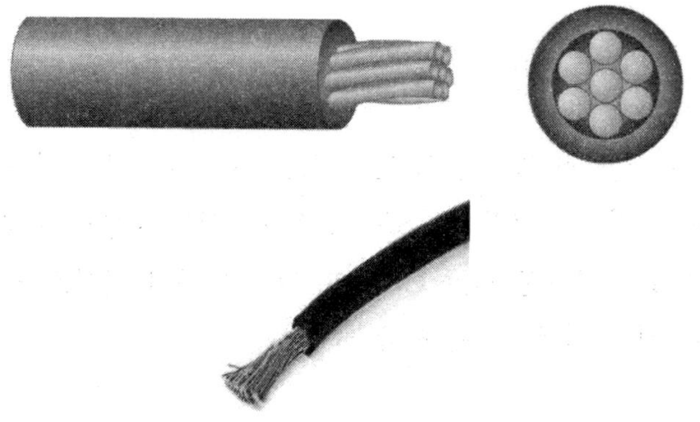

그림 54 연선

3) 실드선

차폐 케이블이라고도 하며, 케이블의 데이터 전송 성능을 방해하는 전자기장(EMI)이나 전기적 노이즈로부터 신호를 보호할 필요가 있는 곳에 주로 사용한다. 이러한 노이즈는 케이블 외부의 전기장치나 케이블 내의 다른 페어에서 발생한다.

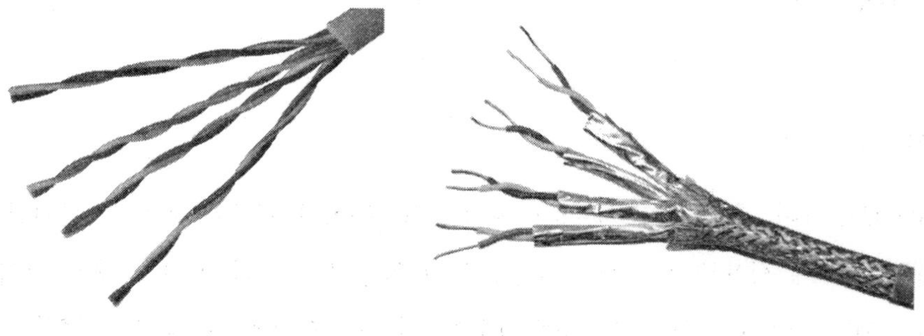

(a) 일반 전선 (b) 실드 전선

그림 55 일반 전선과 실드 전선의 비교

▣ 전선종류 예

[표 7] 전선 분류표

종류	명칭
일반전선	KIV, VCTF, SV VCTF(장원형), EVF(로맥스), WCT(용접선), 열색선, 석면선, 테프론선, AFF, VVR, CFT, 고무절연전선
통신, 신호선	동축케이블, TIV/옥내전화선, TOV/옥외전화선, TJV/짬바선, 인터폰선, 스피크선, 마이크선
절연전선	IV, HIV, GV, OW, DV, ACRS-OC, PDC
전력케이블	CV, CN/CV-W
난연케이블	FR-CN/CO-W, CV, CW, CW-S, CW-SB
나선	WO, ACSR
소방용케이블	FR-3, FR-8

1) KIV(전기기기용 비닐 절연전선)

600 V 이하의 주로 일반전기공작물이나 전기기기의 배선에 사용하는 절연전선이며 염화비닐수지를 주체로 한 컴파운드로 절연된 것이며 현재 가장 많아 사용되고 있는 절연전선이다.

* 도체 : 전기용 경동선에 정해진 경동선을 또는 전기용 경동선에 접한 경동선을 사용한 단선 또는 연선을 사용하고 있음. 단, 전기기기의 배선에 사용하는 5.5 mm^2 이하의 연선은 주석도금 연동선에 정해진 주석도금연동선을 사용해도 되게 되어있음.

* 절연체 : 절연체는 PVC임

* 절연체 색(色) : 전선의 색은 원칙적으로 검정을 표준으로 하고 있으며 필히 색을 구별할 경우에는 도체가 연동일 경우에는 검정색 · 흰색 · 빨강 · 초록 · 노랑 · 파랑의 6색이며 경동의 경우는 검정색 · 흰색 · 파랑의 3색임.

* 허용온도 : 최고 허용온도는 60℃임

그림 56 전기기기용 비닐 절연전선

2) VCFT(충진형 전선)

주로 공장, 광산, 농장 등에서 AC600V 또는 DC800V 이하의 전압을 사용하는 이동용 전기기기 또는 배선용 및 이와 비슷한 용도에 사용한다. 연동선을 집합하는 PVC로 절연한 전선이다.

* AC란 일정한 주기를 갖고 규칙적으로 크기와 방향을 바꾸는 전류이다.
* DC란 직류를 말한다.

그림 57 충진형 전선

3) SV전선

이 케이블은 장기간 사용하여도 내마모선 및 내후성이 우수하여 600 V 이하의 저압회로에 널리 허용한다.

* 도체 : 전기용 연동선
* 절연체 : PVC

그림 58 SV전선

4) VCFK(장원형 전선)

AC 300 V 이하의 옥내 소형전기 기구에 사용되는 전선으로 가요성 및 절연성이 좋고 유연성이 있으며 연동선을 집합하여 PVC로 절연한 전선이다.

* 도체 : 전기용 연동선
* 절연체 : PVC

그림 59 장원형 전선

5) EVF(로맥스 전선)

이 케이블은 장기간 사용하여도 내마모성이 우수하여 600 V 이하의 저압에서도 널리 사용한다.

* 도체 : 전기용 연동선
* 절연체 : PVC

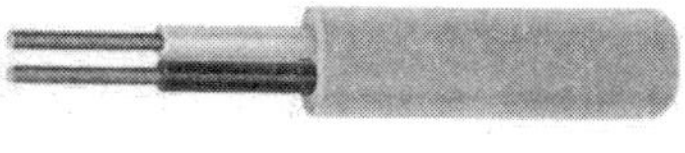

그림 60 로맥스 전선

6) WCT(용접선)

밧데리 및 아크 용접기의 2차쪽에 사용되는 케이블임. 충격, 마찰, 굴곡 등의 기계적 내성이 높고, 내수, 내열, 내산 및 내알칼리성 등의 화학적 내성이 우수하여 광산, 공장, 농장, 건설현장 등에서 600 V 이하의 저속 이동용 전기에 많이 사용된다.

* 도체 : 연동 집합선 또는 주석도금 연동 집합선
* 피복 : 60245 IEC KS 81
* 적용규격 : KS C IEC 60245-6 81, KS C IEC 60245-6 82

그림 61 용접선

7) 열색선

옥내에서 사용하는 300 V 이하의 소형 전기 기구 및 배전반 내의 배선에 사용한다.

* 도체 : 전기용 연동선
* 절연체 : PVC (Poly Vinyl Chloride)

그림 62 열색선

8) 석면선

주로 내열을 요구하는 전기기기의 배선, 전열기기 및 조리 기구, 산업용 사출기, 수지를 용융하기위한 열원, 히터공급용 전기 배선에 사용한다. 밥솥, 보일러, 가스렌지, 후라이팬, 조명기기 등

* 도체 : 주석도금 연동선

그림 63 석면선

9) 테프론전선(불소수지 절연전선)

내열성, 내화학성, 내충격성, 내전기적 특성이 우수하여 내한, 내열을 요구하는 전기기기의 배선에 사용한다.

* 도체 : 주석도금 연동선(또는 순니켈선, 니켈도금선, 은도금연동선)
* 절연체 : 불소수지

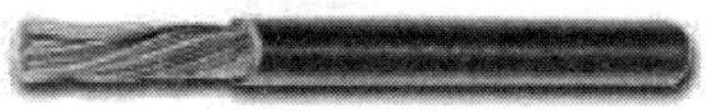

그림 64 불소수지 절연전선

10) VFF(비닐평형 코오드)

옥내에서 사용하는 300 V 이하의 소형 전기기구에 사용되는 전선으로 유연성이 있으며 연동선을 집합하여 PVC로 절연한 전선이다.

그림 65 비닐평형 코오드

11) VVR (600V 비닐절연 비닐쉬스 원형 케이블)

이 케이블은 장기간 사용하여도 내마모성 및 내후성이 우수하여 600 V 이하의 저압회로에 널리 사용된다.

* 소선경(도체의 외경) : 2.0 mm , 2.6 mm

그림 66 600 V 비닐절연 비닐쉬스 원형 케이블

12) CTF (고무절연 고무쉬스 캡타이어 원형 코오드)

충격, 마찰, 굴곡 등의 기계적 내성이 높고, 내수, 내열, 내산 및 내알칼리성 등의 화학적 내성이 우수한다.

그림 67 고무절연 고무쉬스 캡타이어 원형 코오드

13) 동축 케이블

유선방송국에서 가입자까지 영상신호 전송 시스템에 사용되며, 사용기능에 따라 간선, 지선 인입선으로 구분 사용한다. 기타 TV, 비디오와 같은 영상신호 전송 시스템에 사용된다.

* 간선 : 배전선 또는 송전선으로 주변전소와 각 변전소를 연결하는 선을 말한다.
* 지선 인입선 : 통신 선로에서 본선에 곁가지로 갈려 나간 선이 배전선로에서 갈라져서 직접 수요장소의 인입구에 이르는 부분의 전선을 말한다.

그림 68 동축 케이블

14) TIV (PVC 옥내용 전화선)

전화 가입자의 옥내 배선 및 보안기 배선에 사용(주로 건물 내부에서 사용되는 전화선)

그림 69 PVC 옥내용 전화선

15) TOV (옥외용 전화선)

단자함에서 옥내까지 인입용에 사용 (주로 건물의 외부에서 사용되는 전화선)

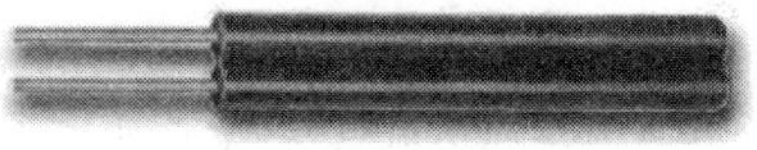

그림 70 옥외용 전화선

16) TJV (짬바선)

자동제어 신호 전송용으로 통신기기 단자간의 배선에 사용됨

그림 71 짬바선

17) 인터폰선

인터폰 및 전화기 배선용으로 사용된다.

그림 72 인터폰선

18) 스피커선

오디오 시스템의 엠프와 스피커 연결용으로 사용된다.

그림 73 스피커선

19) 마이크선

마이크와 앰프 간 중계, 오디오 시스템 기기간 중계용으로 사용된다.

그림 74 마이크선

20) IV (비닐 절연전선)

600 V 이하의 일반 공작물이나 전기기기의 옥내 배선용으로 사용되는 것으로 사용이 간편하고 색별 표시가 다양하여 식별이 용이하다.

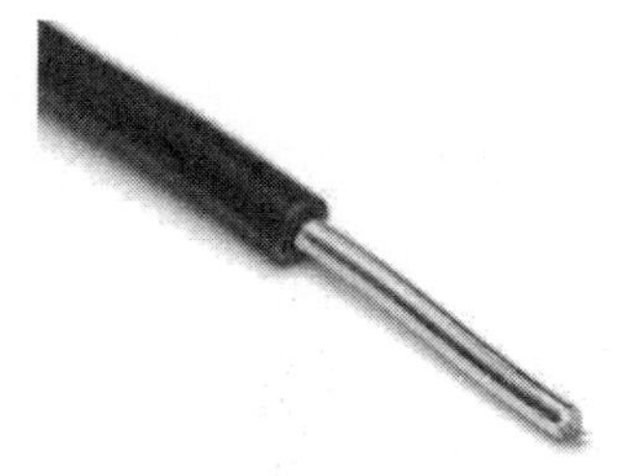

그림 75 비닐 절연전선

21) HIV (2종 내열 비닐 절연전선)

600 V 이하의 일반 공작물이나 전기기의 옥내 배선용으로 사용되는 것으로 내열성 가소제를 첨가한 비닐로 절연하며, 최대도체 사용온도는 75℃이다.

그림 76 2종 내열 비닐 절연전선

22) GV (접지용 비닐절연전선)

건축물 및 일반전기 공작물이나 접지에 사용(1,2급 접지용)

* 최대 도체 허용온도 : 60℃
* 도체 : 전기용 연동선 또는 연동연선
* 색상 : 녹색

23) OW (옥외용 비닐 절연전선)

600 V 이하의 저압 가공전선로에 사용되며 전기용 경동선을 도체로 하여 PVC로 피복한 절연전선으로 종전의 면 절연전선보다 내후성 및 내구성이 우수하다.

* 허용온도 : 60°C

그림 77 접지용 비닐절연전선

24) DV (600 V 인입용 비닐절연전선)

주로 AC 600 V 이하의 가공인입선으로 사용되며 각심이 선명하게 착색되어 있으므로 배선시에 편리하고 피복의 내후성이 매우 우수하다. 따라서 화재 또는 감전 사고 없이 오랫동안 안전하게 사용할 수 있다.

* 도체 : 전기용 경동선 또는 경동연선

그림 78 600 V 인입용 비닐절연전선

25) ACSR-OC (절연전선)

아연 도금강(연) 선/알루미늄, 가교폴리에틸렌 절연특(고)압 송전용 전선, 강심 알루미늄을 동심원으로 압축 연선한 도체위에 가교 폴리에틸렌으로 절연한 고압 절연선이다.

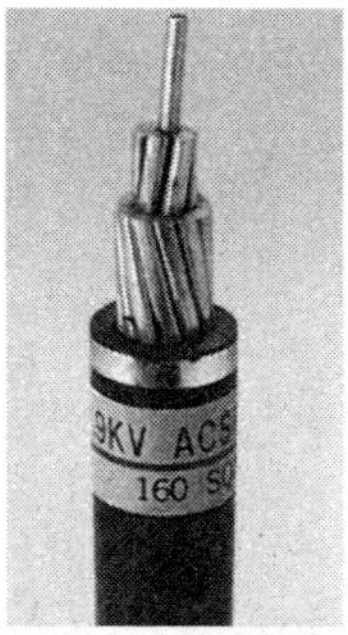

그림 79 절연전선

26) PDC (절연전선)

고압 및 특고압 가공선 선로에서 주상 변압기의 1차측에 연결하는데 사용하는 전선이다.

27) CV (고압가교 폴리에틸렌 전력케이블)

산업용 또는 상업용 배전 회로용 전선으로 전력회로배선에 사용함. 전기적, 물리적 화학적 특성이 우수하다.

* 6600 V 트레이용 난연 전력케이블 / 3300 V 트레이용 난연 전력케이블 / 600 V 트레이용 난연 전력케이블

28) CN/CV

다중 접지 계통의 지중 배전선로용으로 전기적, 물리적, 화학적으로 특성이 우수한 케이블이다.

* 22.9 kV CN/CV : 가교폴리에틸렌절연 비닐피복 동심중성선 배전용 전력케이블
* 22.9 kV CN/CV-W : 가교폴리에틸렌절연 비닐피복 동심중성선 수밀형 전력케이블
* 22.9 kV FR CNCO-W : 가교폴리에틸렌절연 저독성 난연폴리에틸렌피복 동심중성선 수밀형 전력케이블

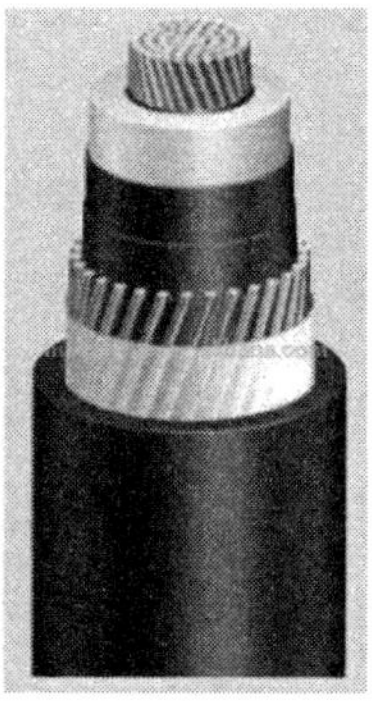

그림 80 CN/CV

29) FR-CN/CO-W (난연케이블)

* 22.9 kV-Y 동심중성선 수밀형 전력케이블[CNCV-W] → 전력
* 22.9 kV-Y 동심중성선 난연성 전력케이블[FR CNCO-W] → 난연

30) CVV(제어용 비닐절연 비닐 쉬이즈 케이블)

600 V 이하의 원격 제어용 회로에 사용되는 케이블로 가요성, 난연성, 내마모성이 우수하며 사용 온도는 60℃이다.

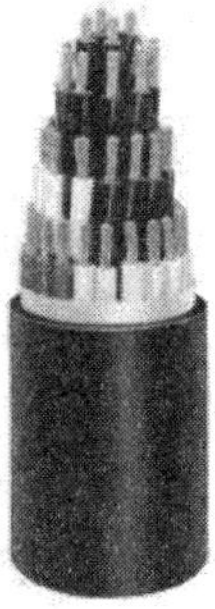

그림 81 제어용 비닐절연 비닐 쉬이즈 케이블

31) CVV-S (정전차폐부제어용 비닐절연 비닐 쉬이즈 케이블)

600 V 이하의 정전차폐가 요구되는 제어용 회로에 사용되는 케이블로 최대도체 사용 온도는 60℃이다.

* 정전차폐 : 금속으로 대전체를 완전히 둘러서 외무 전기장에 의한 정전 유도를 차단시키는 것을 말한다. 자동차에 벼락이 떨어져도 사람은 무사한 것 등.

32) CVV-SB (제어용 비닐절연 비닐 쉬이즈 동편조 케이블)

600 V 이하의 제어용 회로에 사용되는 케이블로 관로 또는 지중 포설되며 최대도체 사용 온도는 60℃이다.

그림 82 제어용 비닐절연 비닐 쉬이즈 동편조 케이블

33) WO (나선)

가공송전선과 재번선 및 접지용 전선으로 사용 (일반용과 가공송전선으로 구분)

34) ACSR(강심 알루미늄 연선)

주로 큰 인장하중을 필요로 하며 가공전선로에 사용된다.

그림 83 강심 알루미늄 연선

35) ACSR-OC (절연전선)

아연도금강(연) 선/알루미늄, 가교폴리에틸렌 절연특(고)압 송전용 전선, 강심 알루미늄 가교폴리에틸렌 절연전선(ACSR-OC)으로 큰 인장하중을 필요로 하는 가공전선로에 사용된다.

그림 84 절연전선

36) FR-3(소방 내열전선)

코아타입 소방용 내열전선으로 화재경보 및 비상경보장치의 회로에 사용되는 제어, 신호용 케이블이다.

그림 85 소방 내열전선

37) FR-8 (소방용 내화전선)

코아타입 소방용 내화전선으로 화재경보 및 비상경보장치, 스프링쿨러 등의 내화성이 요구되는 곳에 사용되는 케이블이다.

그림 86 소방용 내화전선

38) 광케이블

광케이블은 광섬유를 여러 가닥으로 묶어서 케이블로 만든 것으로 유무선 전송망 구성에 있어 매우 중요한 역할을 수행하는 케이블이다.

그림 87 광케이블

39) UTP 케이블

랜선이라 불리기도 하고 주로 인터넷 할 때 사용하기 때문에 인터넷 선이라고도 부른다. 커피숍이나 식당에서 포스시시와 연결하는 케이블이기도 한다.

그림 88 UTP 케이블

▣ 전선 접속하기

1) 배선

1-1) 전선의 접속

납땜에 의한 접속은 전선 접속 완료 후 신속히 납땜을 실시해야 한다.
납땜 후 페이스트 등은 즉시 닦아 내어야 한다. 전선 접속 방법은 다음과 같다.

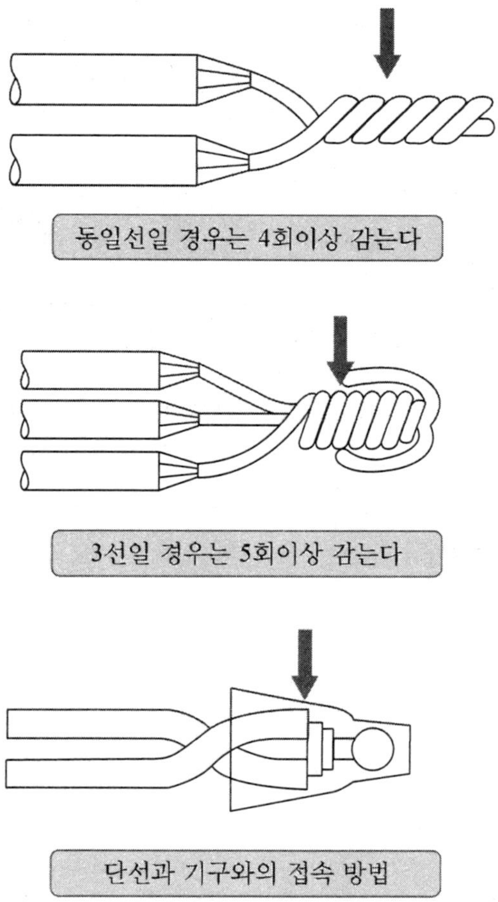

그림 89 전선의 접속

1-2) 직선 접속

가는선과 연선의 직선 접속 방법을 나타내고 있다.

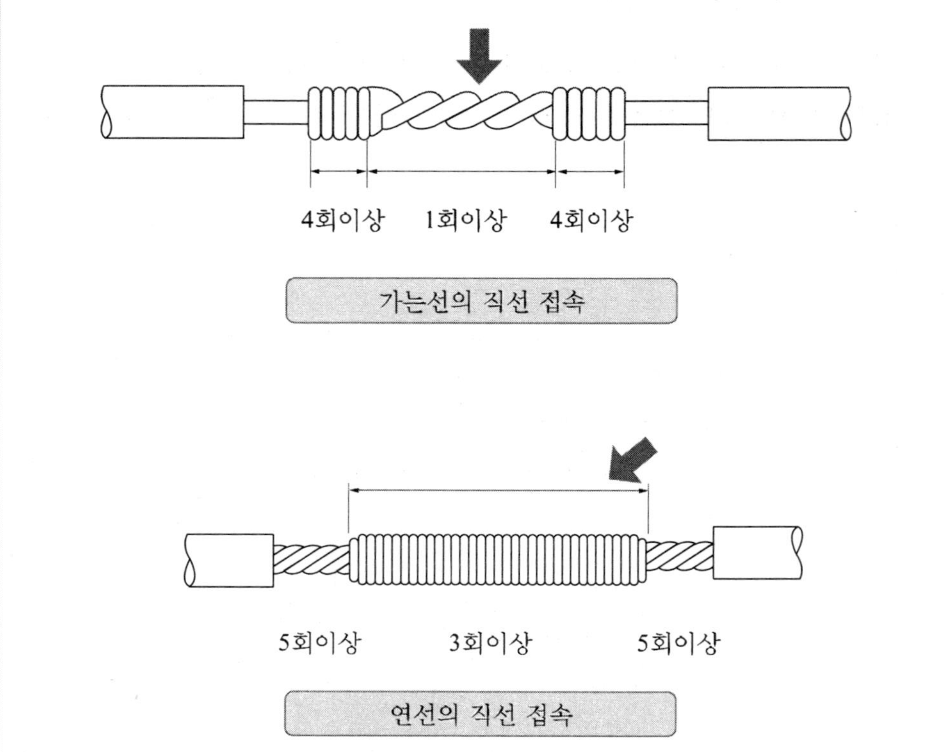

그림 90 직선 접속

1-3) 분기 접속

가는선과 굵은선 및 연선의 분기 접속 방법을 나타내고 있다.

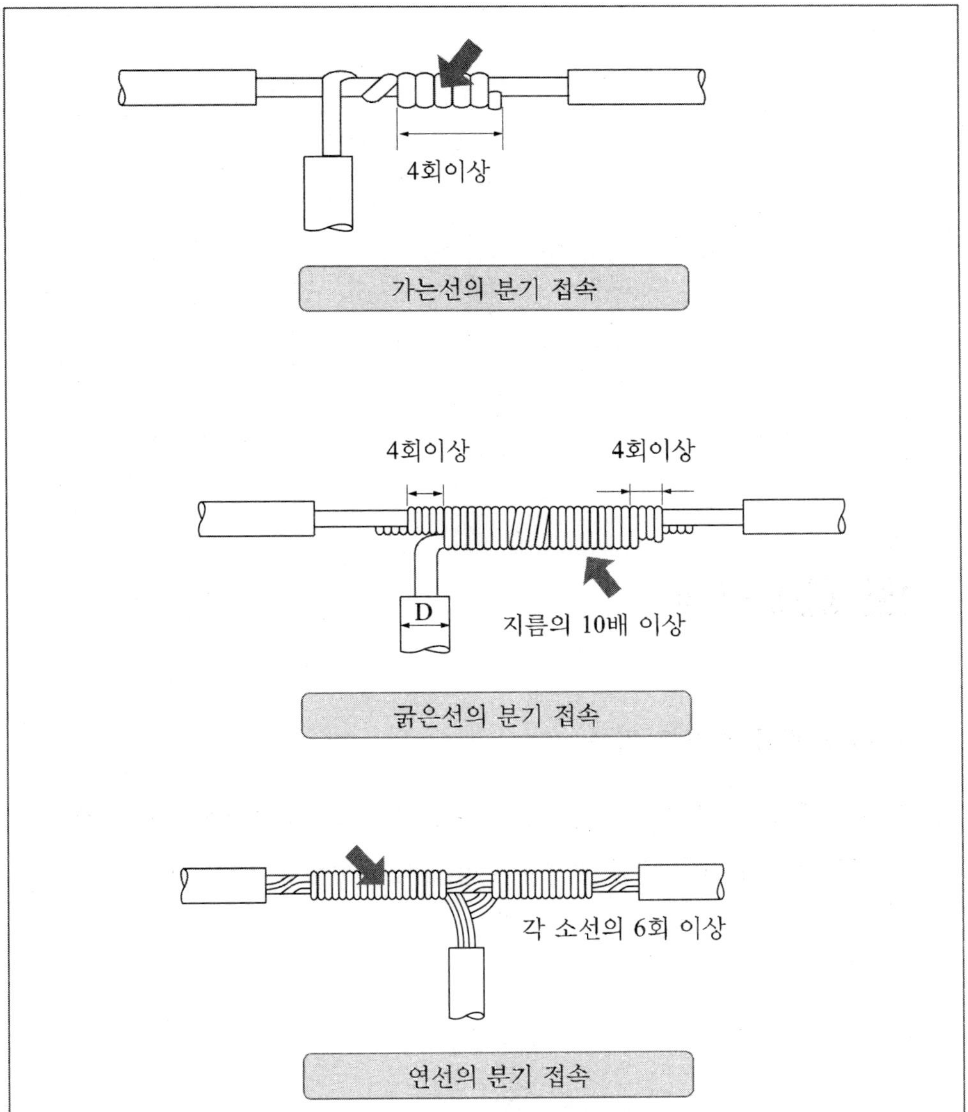

그림 91 분기 접속

1-4) 케이블에 의한 접속

일반적인 케이블 접속 방법으로 주로 외관 노출에 따른 문제를 없애기 위해서 박스 안에서 접속을 한다.

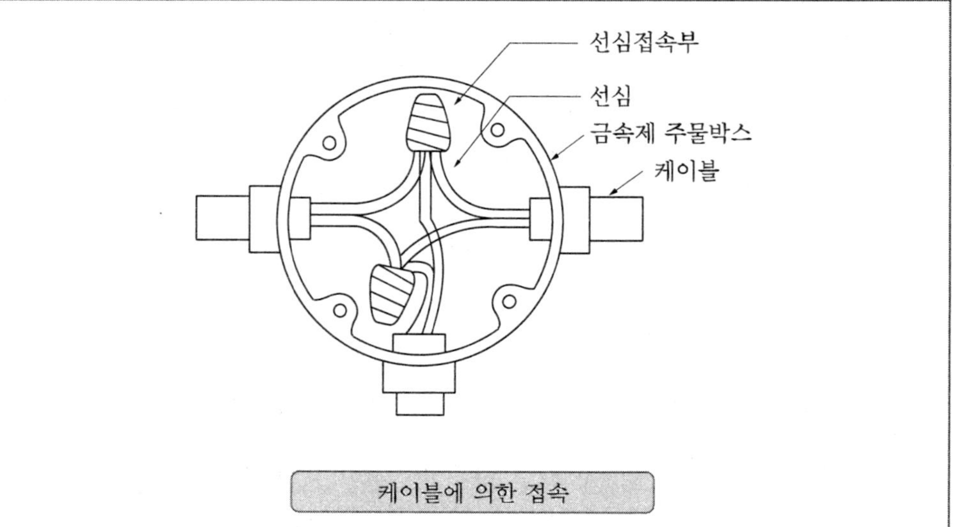

그림 92 직선 접속

1-5) 볼트와 케이블 접속

볼트와 케이블 전선의 접속은 반드시 볼트의 왼쪽편에 전선을 삽입(결선)하여 결선시킨다. 볼트와 같은 회전 방향을 주어 전선이 풀리지 않도록 한다.

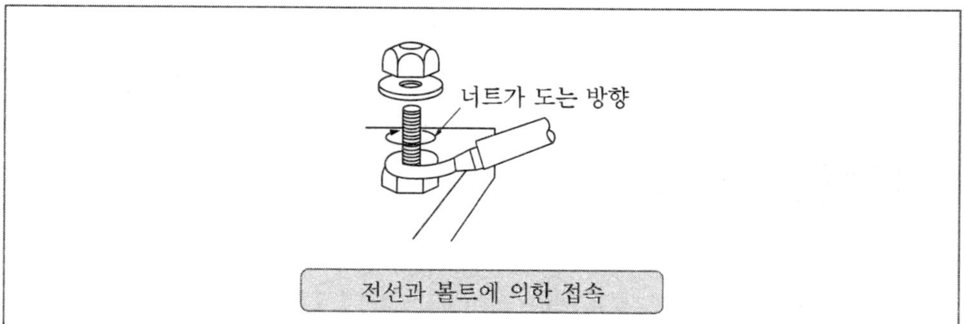

그림 93 볼트와 케이블 접속

▣ 부하종류

전기부하(load)는 전기를 띠게 하거나 기계적 장치의 동력 에너지를 소비(구동)하는 것 또는 그 소비 에너지의 크기 등을 나타낸다.

일반부하는 정전에 따른 특별한 배려가 요구하지 않는 일반조명 및 동력부하로서 전등, 전열 및 환기동력(일반조명 및 전열, 일반 동력, 광고용 조명, 자동판매기, 에스컬레이터 등)으로 나눈다.

전기적 부하로 보면 부하의 특징(특성)에 따른 종류는 다음과 같다.

1. 저항 부하 : 히터(니크롬) 등과 같이 전압을 걸면 계속 값은 값의 전류가 흐르는 부하
2. 유도 부하 : 모터 · 솔레이드 등 돌입 전류의 부하
3. 용량성 부하 : 램프/콘덴서 부하

세부적으로 보면 부하의 특징(특성)에 따른 종류는 다음과 같다.

1. 상시부하 ...
2. 비상부하 및 조명설비 ...
3. 동력부하 ...
4. 기기부하 ...

1) R부하 : 형광 램프부하

텅스텐 섬유의 저항부하로 주로 불을 밝히는데 사용되는 저항부하의 일종이다. 스위치를 On 할 때, 서지 전류는 정상상태 전류보다 많게는 15배에 달할 수 있다.

그림 94 형광 램프부하

2) L부하 : 모타 부하

모터부하의 주로 인간대신 동력을 요구하는데 사용되는 부하의 종류이다. 동작시 서지 전류가 순간 엄청나며, 전류가 들어가고, 전류와 자기장 간에 상호작용은 토크를 만든다.

그림 95 모타 부하

3) L부하 : 유도 부하

전기를 통전 시키면 전류가 흘러 자기장이 생기며, 이를 이용한 부하의 종류로 인덕터, 전자석, 접촉기 코일, 그리고 Choke 코일은 모두 유도 부하들이다.

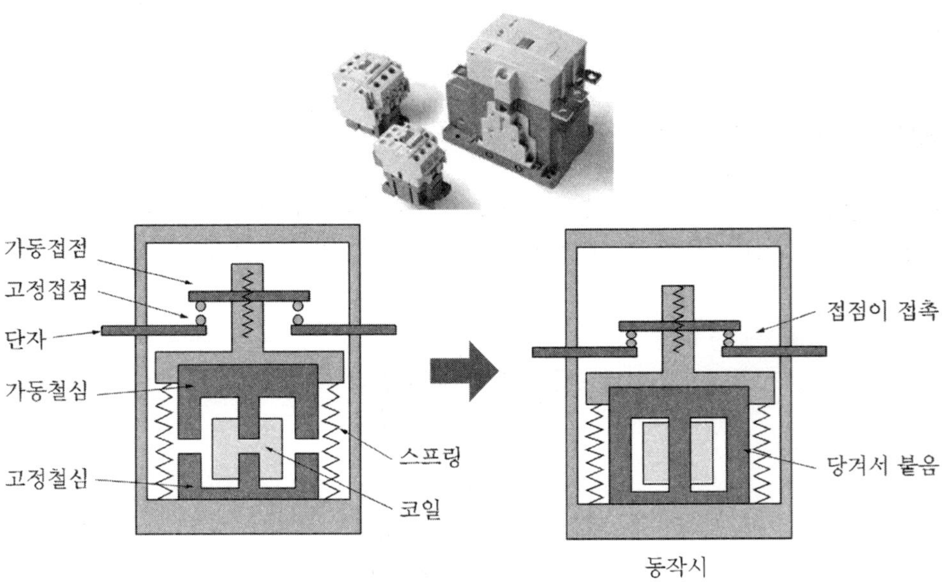

그림 96 유도 부하

4) C부하 : 커패시터 부하

커패시터는 충전 전류를 담당하는 부하의 일종으로 긴 전선, 자성 간섭을 제거하는 전기 필터, 파워 소스 등은 모두 높은 커패시터 부하이다. 연결되는 순간, 저항을 제한하는 것들은 서지 전류를 줄일 수 있다.

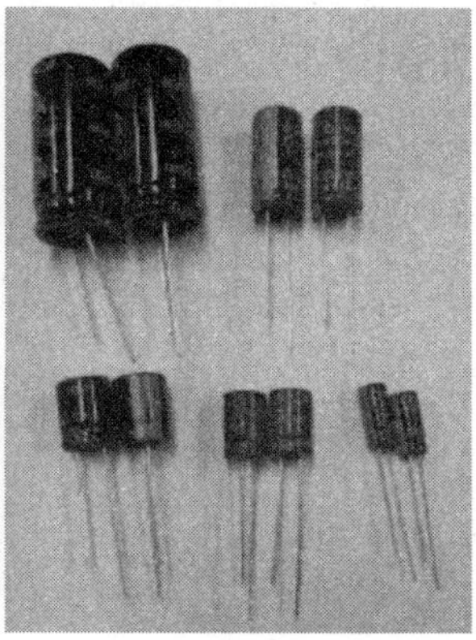

그림 97 커패시터 부하

▣ 배선도

배관 후 실습판넬에 전기 배선을 한다.

1. 배선 선을 선택한다.
2. 배관에 따라 배선을 한다.

※ 박스에는 필히 원터치 컨넥터로 분기하는 것이 확장시 좋다.

① 전원은 AC220을 사용한다.
② 스위치로 전원을 ON, OFF한다.
③ 배선용 차단기로 과부하를 제어한다.
④ 각종 박스나 스위치, 부하 등을 배관하고 배선한다.

그림을 실습장치에 배관 배선한 모습을 나타내고 있다.

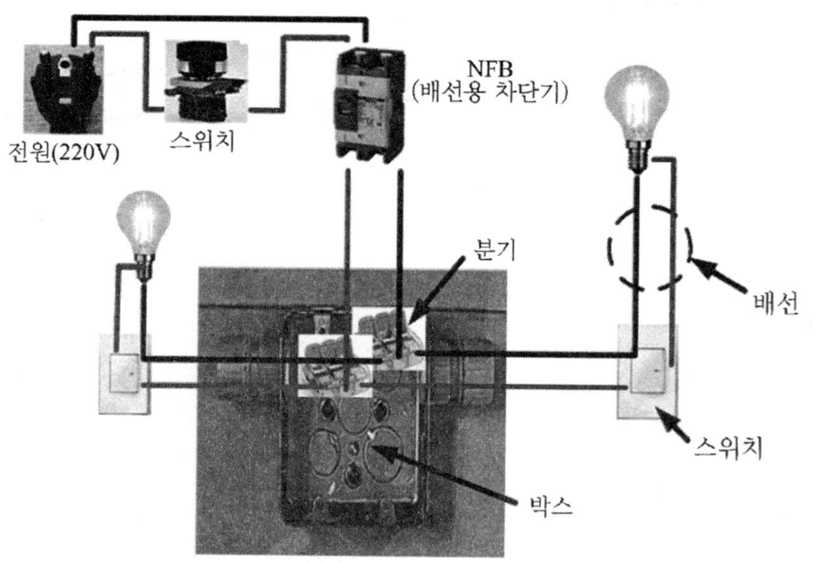

그림 98 배선도 실습도

▣ 진리표에 의한 배선

1) 진리표 개념

기호로 결합된 분자명제가 진 또는 위가 되는 조건을 표시하기 위하여 고안된 것이 진리표(truth table)이다. 참과 거짓을 명제의 진리값으로 표시한다.

들어있는 명제에서 참, 거짓을 확인하는 방법으로, “모든”, “임의의”라는 단어가 들어간 명제에서는 그 식이 성립하지 않는 x가 하나도 없어야 참이 되고, 또한 식이 성립하지 않는 x가 하나라도 있으면 거짓이라고 표현한다.

진리표는 다음과 같이 표현한다.

명제로는 Truth, False라 하고,
디지털로는 1과 0으로 표시한다.
접점으로는 a접점과 b접점으로 나누며
전원의 개념으로는 +5 V나 0 V로 표시한다.

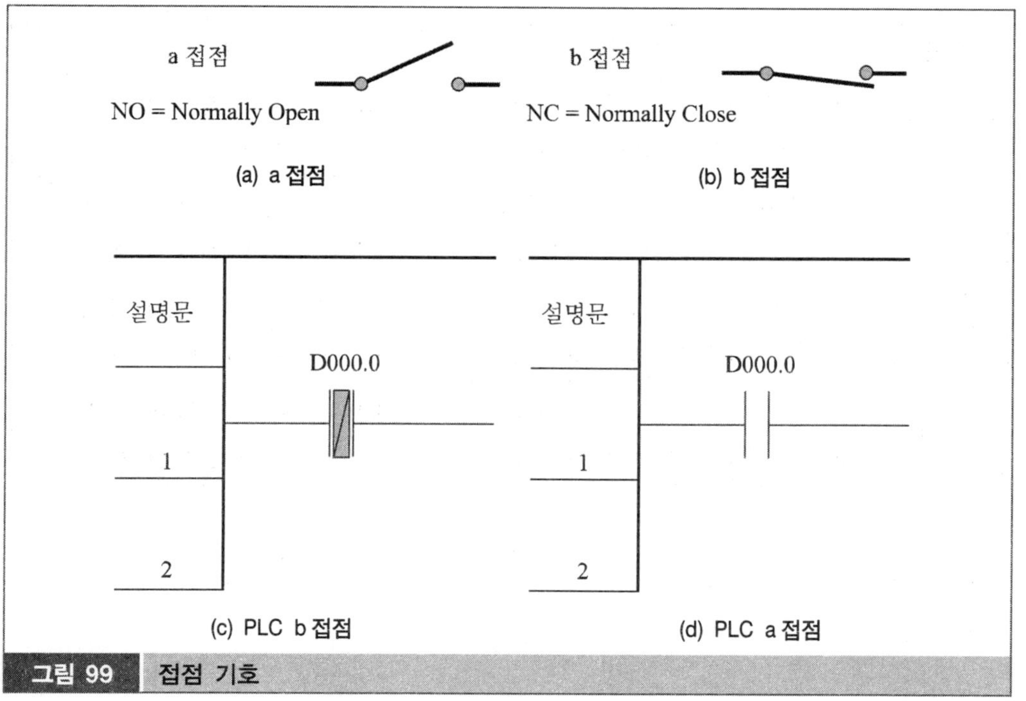

그림 99 접점 기호

정리하면 다음과 같다.

명제	값	디지털	접점	전원
참	Truth	1	a접점	+5V
거짓	False	0	b접점	0V

[표 8] 진리표

S1	S2	L1	L2
0	0	0	1
0	1	0	0
1	0	1	1
1	1	1	0

모드	입력	출력
모드1	S1 (스위치)이 0 (스위치 off)이고, S2 (스위치)가 0 (스위치 off)이면	L1 (전등)은 0 (전원 off)이고, L2 (전등)은 1 (전원 on)이다.
모드2	S1 (스위치)이 0 (스위치 off)이고, S2 (스위치)가 1 (스위치 on)이면	L1 (전등)은 0 (전원 off)이고, L2 (전등)은 0 (전원 off)이다.
모드3	S1 (스위치)이 1 (스위치 on)이고, S2 (스위치)가 0 (스위치 off)이면	L1 (전등)은 1 (전원 on)이고, L2 (전등)은 1 (전원 on)이다.
모드4	S1 (스위치)이 1 (스위치 on)이고, S2 (스위치)가 1 (스위치 on)이면	L1 (전등)은 1 (전원 on)이고, L2 (전등)은 0 (전원 off)이다.

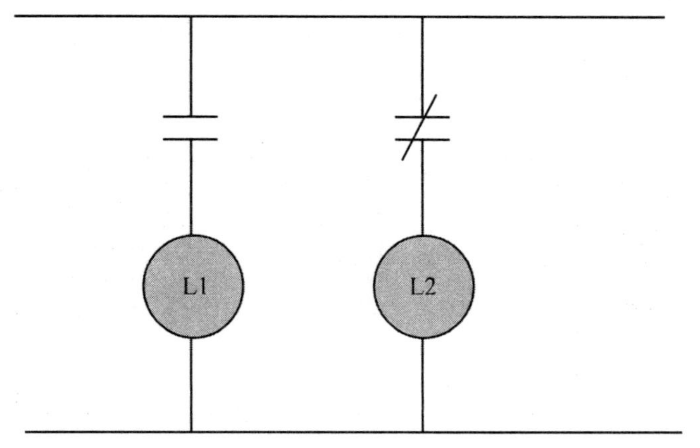

그림 100 진리표에 의한 배선도 실습도 01

▣ 3로 스위치

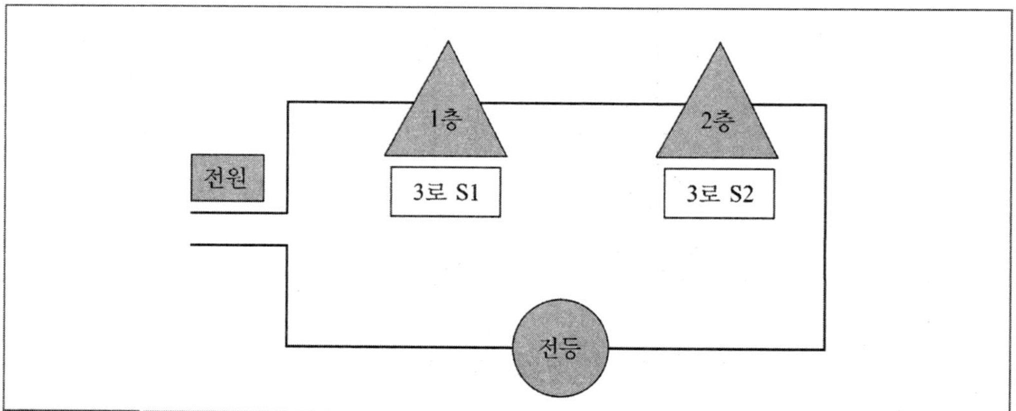

그림 101 3로 스위치 배치도

[표 9] 진리표

S1	S2	L
0	0	1
0	1	0
1	0	1
1	1	1

모드	입력	출력
모드1	S1 (스위치)이 0 (스위치 off)이고, S2 (스위치)가 0 (스위치 off)이면	L1 (전등)은 1 (전원 on)이다.
모드2	S1 (스위치)이 0 (스위치 off)이고, S2 (스위치)가 1 (스위치 on)이면	L1 (전등)은 0 (전원 off)이다.
모드3	S1 (스위치)이 1 (스위치 on)이고, S2 (스위치)가 0 (스위치 off)이면	L1 (전등)은 0 (전원 off)이다.
모드4	S1 (스위치)이 1 (스위치 on)이고, S2 (스위치)가 1 (스위치 on)이면	L1 (전등)은 1 (전원 on)이다.

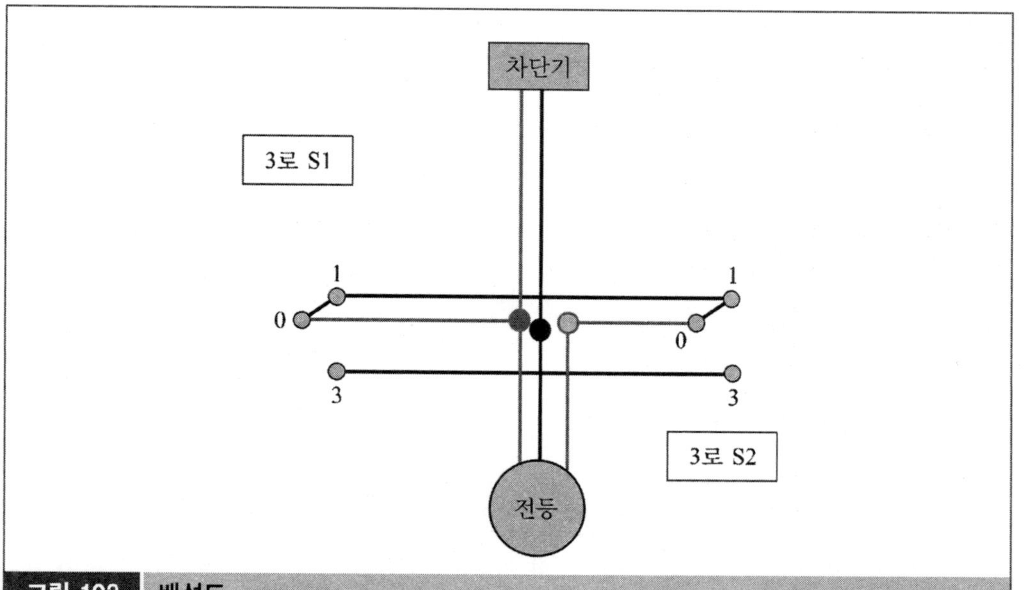

그림 102 배선도

▣ 예제 1

[표 10] 진리표

$L1 = \overline{S1}\ \overline{S2} + S1\ S2$

$L2 = \overline{S1}$

S1	S2	L1	L2
0	0	1	1
0	1	0	1
1	0	0	0
1	1	1	0

모드	입력	출력
모드1	S1 (스위치)이 0 (스위치 off)이고, S2 (스위치)가 0 (스위치 off)이면	L1 (전등)은 1 (전원 on)이고, L2 (전등)은 1 (전원 on)이다.
모드2	S1 (스위치)이 0 (스위치 off)이고, S2 (스위치)가 1 (스위치 on)이면	L1 (전등)은 0 (전원 off)이고, L2 (전등)은 1 (전원 on)이다.
모드3	S1 (스위치)이 1 (스위치 on)이고, S2 (스위치)가 0 (스위치 off)이면	L1 (전등)은 0 (전원 off)이고, L2 (전등)은 0 (전원 off)이다.
모드4	S1 (스위치)이 1 (스위치 on)이고, S2 (스위치)가 1 (스위치 on)이면	L1 (전등)은 1 (전원 on)이고, L2 (전등)은 0 (전원 off)이다.

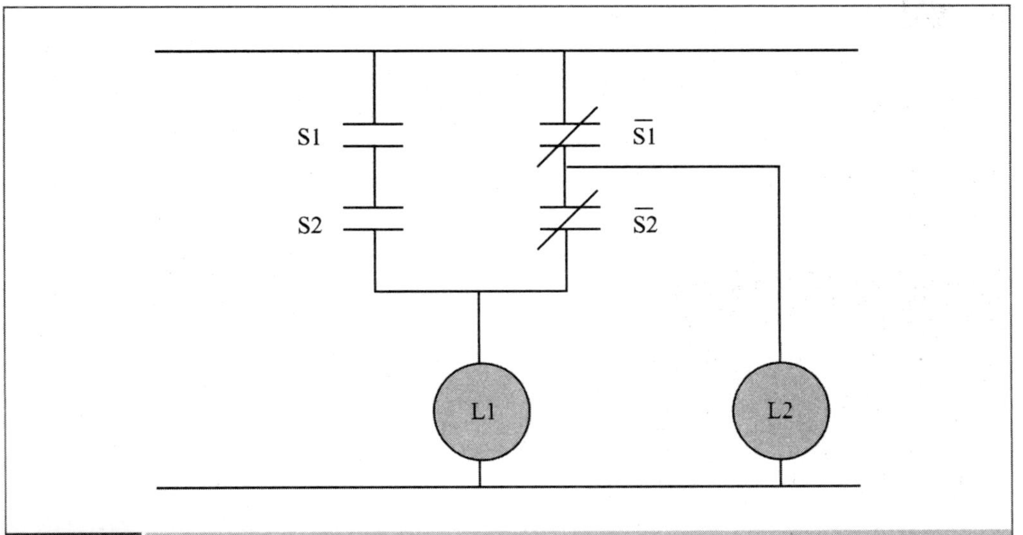

그림 103 배선도 도면

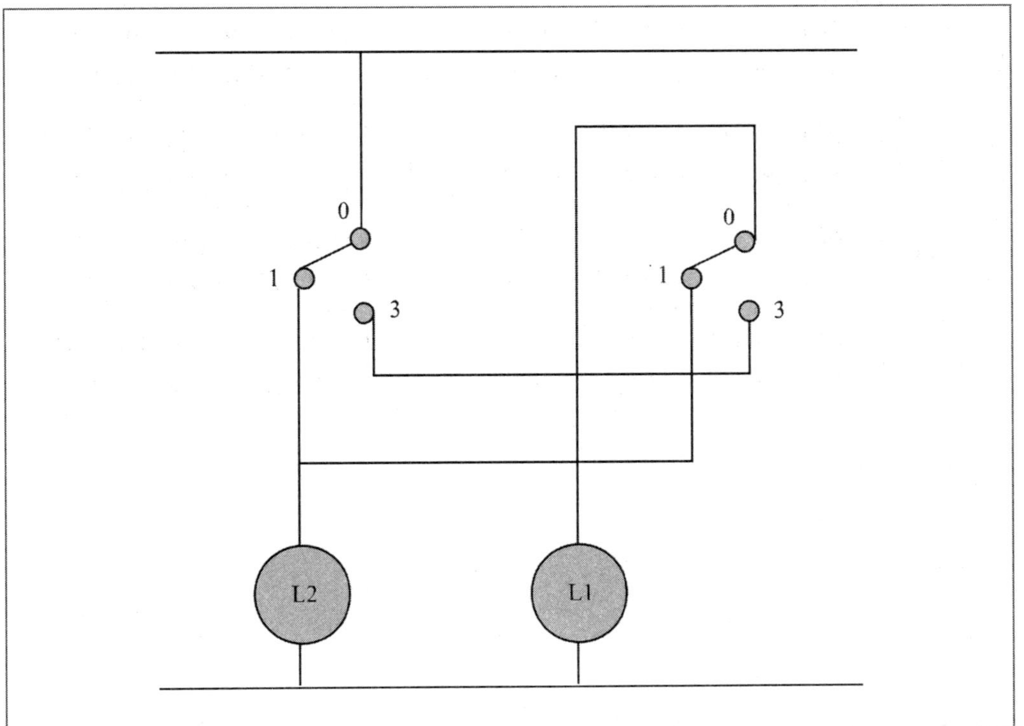

그림 104 실배선

▣ 예제 2

[표 11] 진리표

$L1 = \overline{S1}\,S2 + S1\,\overline{S2}$

$L2 = S1$

S1	S2	L1	L2
0	0	0	0
0	1	1	0
1	0	1	1
1	1	0	1

모드	입력	출력
모드1	S1 (스위치)이 0 (스위치 off)이고, S2 (스위치)가 0 (스위치 off)이면	L1 (전등)은 0 (전원 off)이고, L2 (전등)은 0 (전원 off)이다.
모드2	S1 (스위치)이 0 (스위치 off)이고, S2 (스위치)가 1 (스위치 on)이면	L1 (전등)은 1 (전원 on)이고, L2 (전등)은 0 (전원 off)이다.
모드3	S1 (스위치)이 1 (스위치 on)이고, S2 (스위치)가 0 (스위치 off)이면	L1 (전등)은 1 (전원 on)이고, L2 (전등)은 1 (전원 on)이다.
모드4	S1 (스위치)이 1 (스위치 on)이고, S2 (스위치)가 1 (스위치 on)이면	L1 (전등)은 0 (전원 off)이고, L2 (전등)은 1 (전원 on)이다.

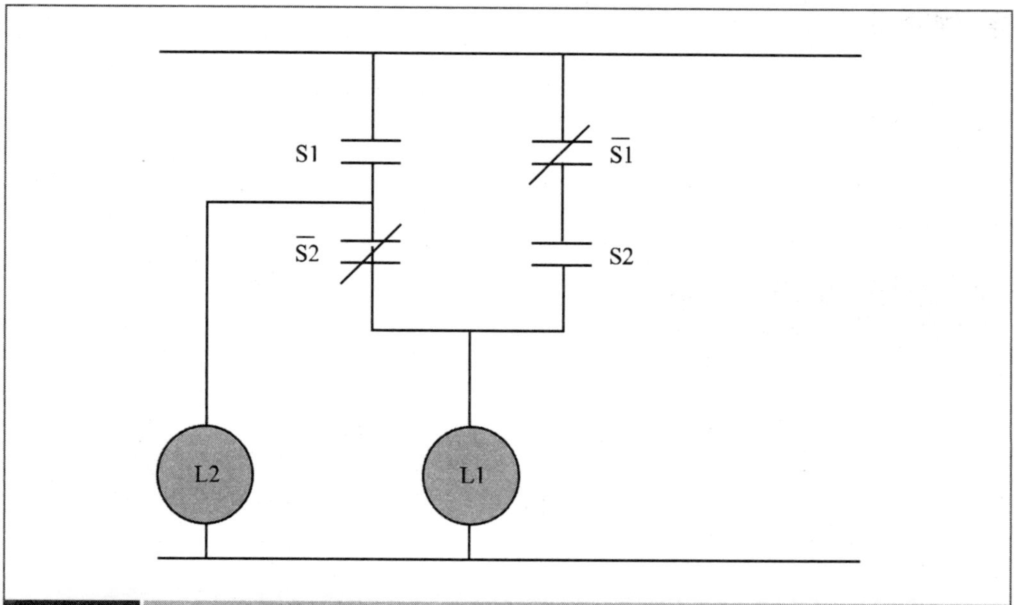

그림 105 배선도 도면

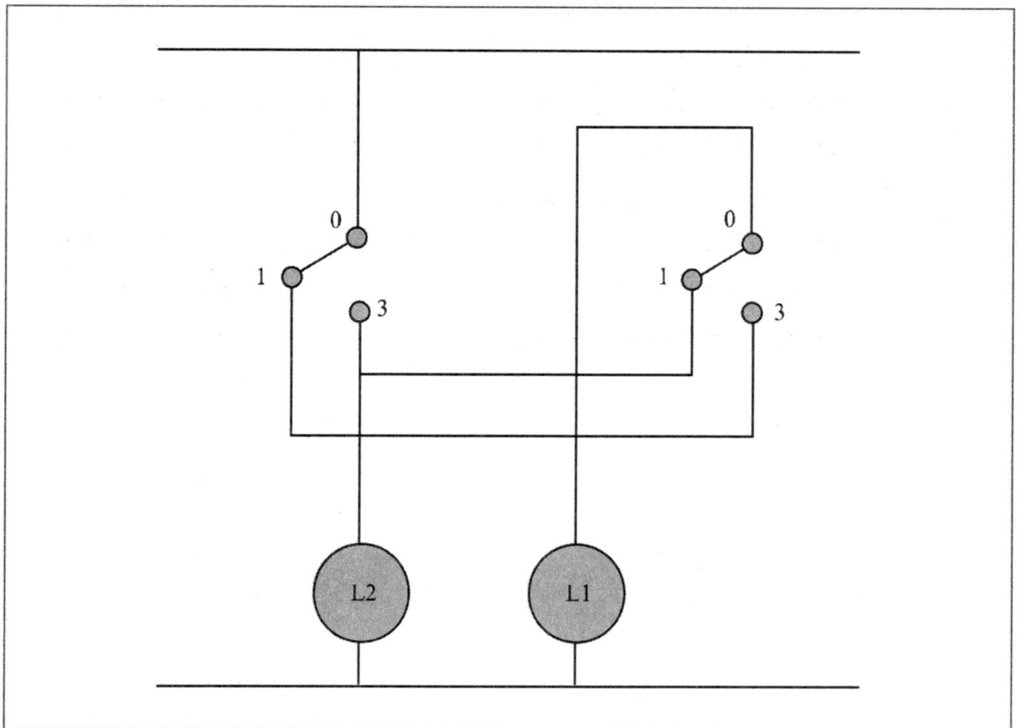

그림 106 실배선

▣ 예제 3

[표 12] 진리표

$L1 = \overline{S1} + \overline{S2}$

$L2 = S1 + S2$

S1	S2	L1	L2
0	0	1	0
0	1	1	1
1	0	1	1
1	1	0	1

모드	입력	출력
모드1	S1 (스위치)이 0 (스위치 off)이고, S2 (스위치)가 0 (스위치 off)이면	L1 (전등)은 1 (전원 on)이고, L2 (전등)은 0 (전원 off)이다.
모드2	S1 (스위치)이 0 (스위치 off)이고, S2 (스위치)가 1 (스위치 on)이면	L1 (전등)은 1 (전원 on)이고, L2 (전등)은 1 (전원 on)이다.
모드3	S1 (스위치)이 1 (스위치 on)이고, S2 (스위치)가 0 (스위치 off)이면	L1 (전등)은 1 (전원 on)이고, L2 (전등)은 1 (전원 on)이다.
모드4	S1 (스위치)이 1 (스위치 on)이고, S2 (스위치)가 1 (스위치 on)이면	L1 (전등)은 0 (전원 off)이고, L2 (전등)은 1 (전원 on)이다.

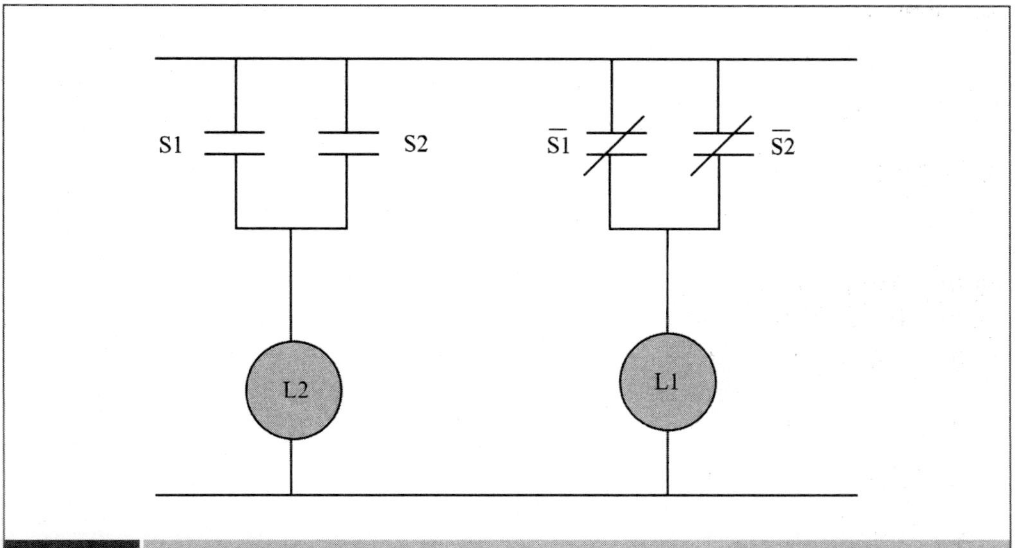

그림 107 배선도 도면

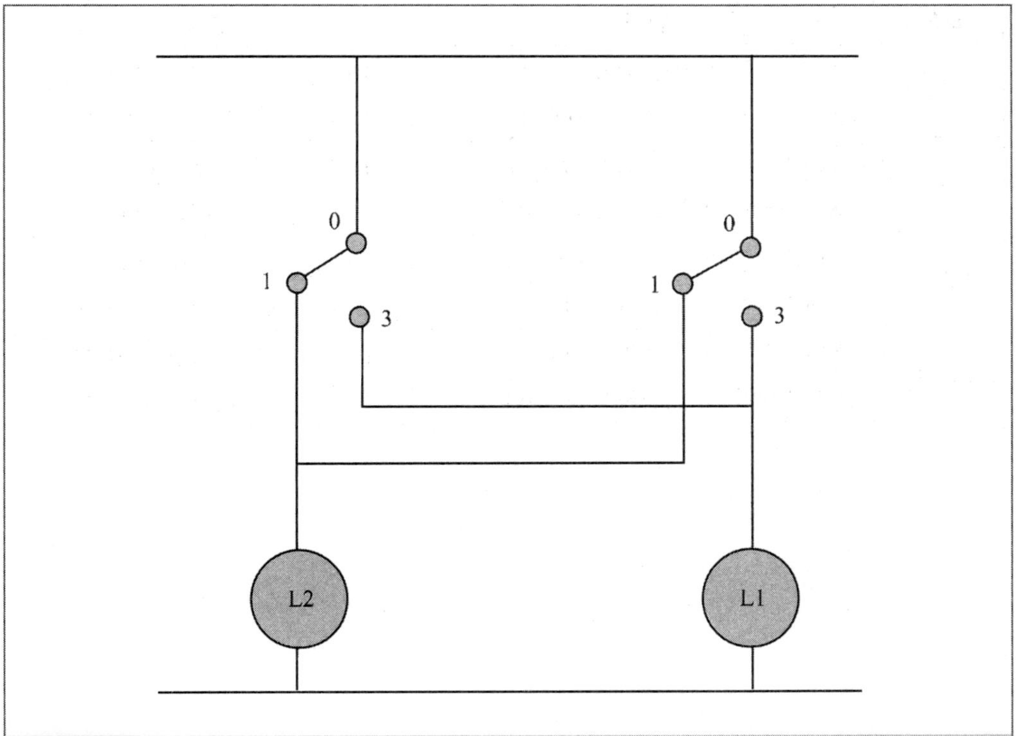

그림 108 실배선

▣ 예제 4

[표 13] 진리표

$L1 = S1\overline{S2}$

$L2 = S1 + S2$

S1	S2	L1	L2
0	0	0	0
0	1	0	1
1	0	1	1
1	1	0	1

모드	입력	출력
모드1	S1 (스위치)이 0 (스위치 off)이고, S2 (스위치)가 0 (스위치 off)이면	L1 (전등)은 0 (전원 off)이고, L2 (전등)은 0 (전원 off)이다.
모드2	S1 (스위치)이 0 (스위치 off)이고, S2 (스위치)가 1 (스위치 on)이면	L1 (전등)은 0 (전원 off)이고, L2 (전등)은 1 (전원 on)이다.
모드3	S1 (스위치)이 1 (스위치 on)이고, S2 (스위치)가 0 (스위치 off)이면	L1 (전등)은 1 (전원 on)이고, L2 (전등)은 1 (전원 on)이다.
모드4	S1 (스위치)이 1 (스위치 on)이고, S2 (스위치)가 1 (스위치 on)이면	L1 (전등)은 0 (전원 off)이고, L2 (전등)은 1 (전원 on)이다.

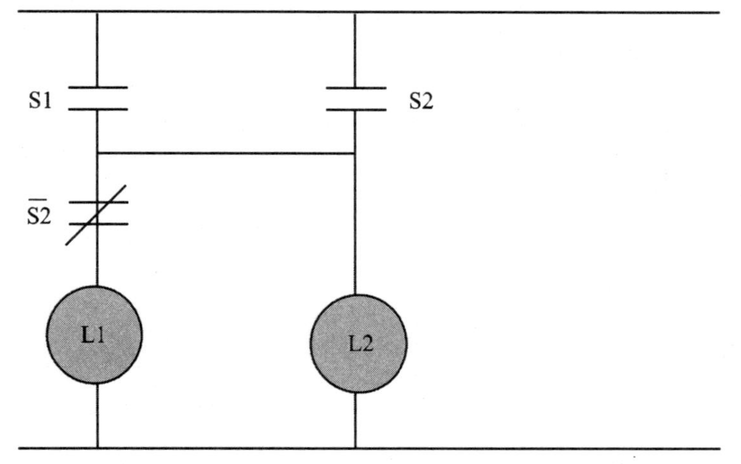

그림 109 배선도 도면

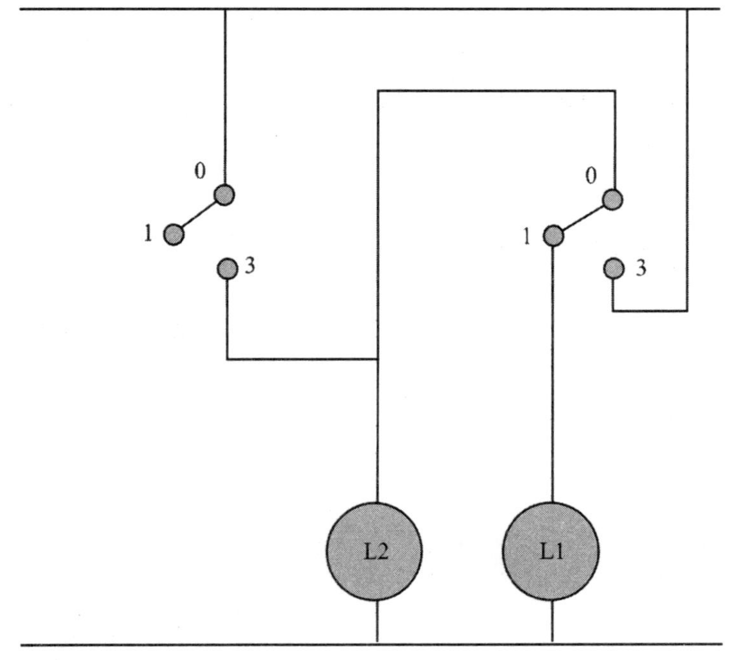

그림 110 실배선

▣ 실습 보드 사양

1) 구성요소

· 제어판(전원 스위치)

· NFB(노휴즈브레이크)

· 실습보드

2) 전기 투입 순서

① 전원을 꼽는다.

② 제어판의 전원 스위치를 ON으로 돌린다.

③ NFB(노휴즈 브레이크)를 올린다.

3) 전기 차단 순서

① NFB(노휴즈 브레이크)를 내린다.

② 제어판의 전원 스위치를 OFF로 돌린다.

③ 전원을 꼽는다.

※ 전기는 반드시 투입 순서의 역 순으로 차단한다.

▣ 참고

1. 케이블 트레이 및 부속재 선정

1) 케이블 트레이란

케이블 트레이는 건물을 통해 와이어, 케이블 및 도관을 안전하게 운반하는 데 사용되는 일종의 건축 자재이다. 케이블 트레이를 사용하여 벽과 천장 공간에 와이어를 연결할 수 있는 대신 케이블 트레이를 사용하여 이러한 와이어를 제어된 방식으로 실행할 수 있다. 이 트레이는 건물 내에 필요한 다른 유형의 전기 케이블과 함께 전기, 통신 또는 보안 와이어를 운반 할 수 있다. 많은 지역 및 국가 건축법에 따라 특정 요구 사항은 다를 수 있지만 다양한 응용 분야에서 케이블 트레이를 사용해야 한다.

2) 장점

① 쉽고 빠른 설치

스냅 핏 시스템은 쉽고, 단순하고, 빠른 설치를 할 수 있으며, 적은 시간으로 다양한 형태로 적용 가능하다.

② 특별한 장비의 불필요

메인 트레이, 곡선 트레이와의 조이너 연결 시에 특별한 도구 없이 손으로 연결이 가능하여, 시간 및 비용의 절감을 가져다준다.

③ 우수한 소재 (PC/ABS UL2024 인증)

PC/ABS로 만들어진 케이블 트레이 시스템은 우수한 열안정성, 날씨 저항, 할로겐프리, 열저항성, 규격의 안정성, 방염환경 안정성 뿐 아니라 UL2024 인증 소재 및 향상된 충격강도, 인장강도를 가졌다.

④ 쉬운 레일 연결구 구성

볼트 조임을 하지 않는 조립식 연결 시스템으로 특별한 도구 사용 없이 빠른 설치가 가능하다.

⑤ 타사 제품과의 호환성

조립식 케이블 트레이 시스템은 타사 제품과의 호환을 고려하여 설계되었고, 이는 사용자에게 추가비용 절감과 타사 제품이 설치된 곳에서 단순한 교체가 가능하다.

⑥ 다양한 색상의 제품 구성

다양한 색상의 제품 구성으로 현장 관리가 편리하다.

⑦ 어떤 현장이든 시공이 가능

유독가스에 의한 부식 , 염분 , 수분에 의한 부식이 없어 어떤 현장이든 시공이 가능하다.

⑧ 부피 및 중량(스틸 대비 15% 무게)이 적다

조립식 플라스틱 케이블 트레이 구성으로 부피 및 중량(스틸 대비 15% 무게)이 적어 물류비 절감 효과와 케이블 피복손상을 방지한다.

⑨ 접지가 필요없어 원가절감 효과

비전도체 소재로 접지가 필요없어 원가절감 효과가 있다.

3) 소재 장점

① 성형 가공성

ABS 수지의 장점인 우수한 가공성을 갖고 있어 Polycarbonate 수지와 비교하여 1.5~2 배의 우수한 유동성을 보유하여 성형시 형성된 잔류응력에 의한 비틀림을 최소화 하였으며, 진행성 Crack 등의 발생이 없다.

② 기계적 특성

인장강도등 기계적 특성이 엔지니어링 플라스틱과 동등수준이면서 우수한 충격강도를 보유하고 있으며, PC 수지의 장점인 우수한 내열특성이 유지되어 온도 변화에 의한 기계적 특성의 저하가 적어 광범위한 온도에서의 적용이 가능하다.

③ 화학 저항성

일반적으로 PC/ABS는 알코올, 물, 기름, 염분에 강하다.

④ 규격 안정성

PC/ABS는 수지흐름에 대한 직각방향 및 흐름방향에 따른 수축율 차이가 없어 성형 후 치수 안정성이 우수하다.

4) 소재 적합성

① 뛰어난 열 안정성

일반적인 난연 Grade는 첨가되는 난연제 및 난연 보조제 등에 의한 열 안정성의 저하로 인하여 흑줄 등이 발생하므로 성형가공이 매우 까다로우나 PC/ABS 난연 Grade는 난연 기구에 의한 수지의 난연화로 열 안정성이 매우 우수하다.

② 환경에 대한 방염성

브롬(Br)계 난연제 중 연소시 독성물질(Dioxin,Difuran)의 발생 가능성이 있는 구조를 가지고 있는 난연제를 전혀 사용하지 않으며, UL94의 V0 등급을 가지고 있다.

③ 방수성

일반적인 등급의 PC/ABS는 기상 저항으로 인한 빛 노출시에 기계강도 및 탈색이 적다.

5) 케이블 트레이 종류

5-1) 사다리형 케이블 트레이

가장 흔히 볼 수 있는 케이블 트레이로 통풍이 원활하고 단가도 저렴하며, 설치, 증설, 보수 및 유지가 간편하고 양쪽의 사이드레일과 런을 용접으로 결합한다. 화재나 기타 사고 발생시 케이블을 보호하니 못하고, 불꽃이 케이블에 옮겨져 화제를 더욱 확산시키는 원인이 되기도 하는 문제점이 있다.

그림 111 사다리형 케이블트레이

5-2) 바닥밀폐형 케이블 트레이

내부에 밀폐되어 화재 시 불꽃이 케이블에 접촉되는 것을 방지하고, 케이블에서 발생되는 전자파가 건물 내부 공간에 가해지는 것을 차단하는 역할을 하나, 통풍이 원활하지 못하여 냉각이 잘 안되며, 과열에 의한 케이블이 손상되는 경우가 발생하는 단점이 있다.

그림 112 바닥밀폐형 케이블 트레이

5-3) 펀칭형 케이블 트레이

펀칭형 케이블 트레이는 사다리형 케이블 트레이보다 케이블을 좀 더 용이하게 보호할 수 있고, 펀칭된 부분을 통하여 통풍을 원활히 할 수 있으나, 화재 시에는 케이블을 보호하지 못한다.

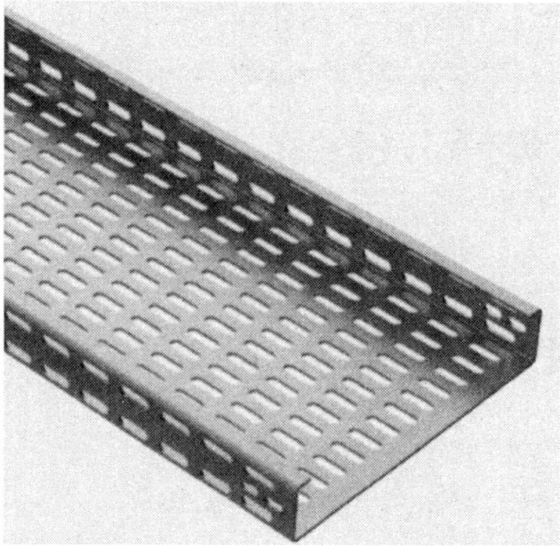

그림 113 펀칭형 케이블 트레이

5-4) 메쉬형 케이블 트레이

가격이 저렴하고 가벼워 제작 및 설치가 용이하고 원활하나 강도가 떨어져서 하중에 의해 변형되는 단점이 있다.

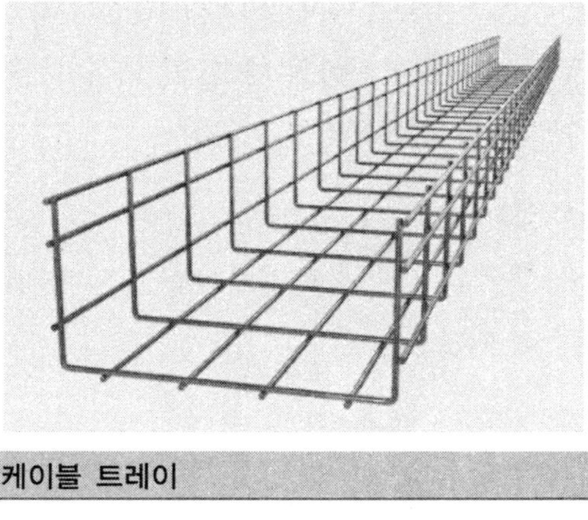

그림 114 메쉬형 케이블 트레이

2. 버스 덕트

1) 버스 덕트란

대 전류 간선에 사용하는 덕트. 금속 재질의 케이스에 적당한 사이 폭으로 절연 도체를 들어, 배전반에서의 간선에 사용한다. 적당한 길이의 단위로 공장 생산된다.
버스 덕트(BUSDUCT BUSWAY) 부스바 트렁킹 시스템은 케이블 공사에 비해 저렴하고 구조가 간단하며 경년 변화가 적고, 소형으로 유지 보수도 쉽다.

2) 버스 덕트의 장점

① 내구성 우수

버스 덕트는 내화성은 물론 높은 내진성이 있다.

② 전자파의 발생이 거의 없음

버스 덕트 케이블에 비해 전자파의 발생이 극히 적은(케이블의 1/60 ~ 1/200 : 1 m 지점) 때문에 사람과 컴퓨터, 의료 기기 친화적 간선이다.

③ 부하의 불균형에도 대응할 수 있음

버스 덕트 시스템은 중앙 간선 방식이므로 위치(층)에 의한 부하의 불균형이 있어도 사용가능.

④ 전력 배출을 자유롭게 선택할 수 있음

1) 연결 부분에 플러그인 기능을 갖춘 PLUG IN BOX

2) 한 플러그인 홀을 이용하여 부하의 증설 및 이설이 용이함.

3) 활선 중에도 증설이나 이설 작업이 가능함.

⑤ 재활용 가능함(친환경, 재활용 형 간선)

불필요하게 된 버스 덕트는 강판 도체(알루미늄 또는 구리) 및 절연체(PETP)로 분리되어 각각의 자원으로 재활용됨.

⑥ 시공의 간소화

버스 덕트는 조립식 시공을 할 수 공정에 맞게 시공가능, 투입 공수의 균일화, 성력

화할 수 있음

⑦ 전력 공급을 위한 계획 개념

- 전원 공급 장치에 대한 계획 개념이 개발되면 표준 및 규정을 준수하는 것이 필수적일 뿐만 아니라 경제적 및 기술적 상호 관계(상황에 따라 케이블 및 / 또는 부스바 트렁킹 시스템)를 논의하고 명확히 하는 것도 중요함.
- SWGR, TR와 같은 전기 장비의 정격 및 선택은 개별 구성 요소에 초점을 맞추기보다는 전력 시스템 전체에 대한 최적의 결과를 염두해야 한다.
- 모든 구성 요소가 정상 작동 조건과 Fault 조건을 견딜 수 있도록 충분한 정격을 가져야 한다.

3) 버스 덕트 종류

① 피더 버스 덕트 : 도중에 부하를 접속사지 아니한 것
② 익스 팬션 버스 덕트 : 열 신축에 따른 변화량을 흡수하는 구조인 것
③ 탭붙이는 버스 덕트 : 종단 및 중간에서 기기 또는 전선 등과 접속시키기 위한 탭을 가진 버스 덕트
④ 트랜스포지션 버스 덕트 : 각 사의 임피던스를 평균시키기 위해서 도체 상호의 위치를 관로 내에서 교체 시키도록 만든 버스 덕트
⑤ 플러그인 버스 덕트 : 도중에 부하를 접속용으로 꽂음, 플러그를 만든 것
⑥ 트롤러 버스 덕트 : 도중에 이동 부하를 접속할 수 있도록 접촉식으로 구조를 만든 것

<table>
<tr><th>명칭</th><th colspan="2">형식</th><th>비고</th></tr>
<tr><td rowspan="2">피더 버스덕트</td><td>옥내용</td><td>환기형</td><td rowspan="2">도중에 부하를 접속하지 아니한 것(간선용)</td></tr>
<tr><td>옥외용</td><td>비 환기형</td></tr>
<tr><td>플러그 인 버스덕트</td><td>옥내용</td><td>비 환기형</td><td>도중에 부하 접속용으로 꽂음 플러그를 만든 것</td></tr>
<tr><td>트롤리 버스덕트</td><td colspan="2">옥애용/옥외용</td><td>도중에 이동부하를 접속할 수 있도록 트롤리 접촉식구조로 한 것</td></tr>
</table>

4) 절연 특성

내열등급, 경도. 절연파괴, 열전달, 분해온도, 수분대응력, 절연성 등을 조사한다.

5) 덕트의 선정

① 도체는 단면적 20 mm^2 이상의 대상(帶狀), 지름 5 mm 이상의 관상(管狀)이나 환봉상(丸棒狀)의 동 또는 단면적 30 mm^2 이상의 대상의 알루미늄을 사용한 것일 것.
② 도체 지지물은 절연성 · 난연성 및 내수성이 있는 견고한 것일 것.
(도체는 버스덕트 내에서 0.5m 이하의 간격으로 비 흡습성의 절연물로 견고하게 지지하고 극간 접촉 또는 덕트 내면과 접촉될 우려가 없도록 시설할 것)
③ 덕트는 (기술기준부표 30)의 두께 이상의 강관 또는 알루미늄판으로 견고히 제작한 것일 것.
④ 구조는 한국공업규격 KS C 8450 "부스관로"의 구조에 적합할 것.
⑤ 완성품은 한국공업규격 KS C 8450 "부스관로"의 시험방법에 의하여 시험하였을 때에 "4. 성능"에 적합한 것일 것.
⑥ 용량 200~5,000 A가 있으나 일반적으로 1,000 A 이상의 경우 케이블보다 경제성이 있다.
⑦ 종합적인 경제성, 견고성, 부피, 시공성 등을 감안하는 경우 Al-Fe가 일반적으로 적용된다.

5-1) 전류용량 결정시 검토사항

① 허용전류, 허용전압강하, 기계적강도(단락, 신축, 발열, 진동), 부하의 종류에 의한 기동전류, 고조파 함유분, 장래의 여유분, 전로를 보호하는 보호차단기의 정격을 감안하여 결정한다.
② 이형 금속간의 접속은 부식을 방지할 수 있는 조치를 한 것일 것.
③ 신축 및 진동에 대응할 수 있도록 15 m 이하마다 플랙시블 버스를 접속할 것.
④ 수직, 수평의 굴곡개소에는 접속의 형태에 적합하게 제작된 것을 사용하여 무리한 시공이 되지 아니하도록 배려할 것.

Part 3

배관 · 배선 공사의 실습

Ⅰ. 배관·배선 교수 학습 방법

▣ 교수 학습 방법

• 실습 교수는 배관·배선 검사하기 전에 관련된 전기 설비시설기준과 내선 규정, 설계기준, 표준 시방서 등의 내용을 학습하며 이론적 지식과 실무 능력을 배양할 수 있는 내용으로 학습자를 지도한다.

• 실습 교수는 배관·배선 검사하기 전에 학습 목표를 효과적으로 달성하기 위해서는 학습자들이 개인별로 과제를 수행하는 실험·실습에 의한 교수·학습 방법과, 교사가 학습의 과정을 학생들에게 시범을 보여주고 교사의 역할을 학생들에게 넘기는 교수·학습 방법 등을 적용한다.

• 실습 교수는 배관·배선 실습 방법이나 학습이 효과적으로 이루어지려면 미리 수업 설계서를 작성한다.

• 실습 교수는 배관·배선 수업에 필요한 실습 재료, 기자재, 장비 등을 사전에 준비하고 수업 보조자료 등을 철저히 준비하여 수업에 적용한다.

• 실습 교수는 배관·배선 공사 중 손상 및 타 공종에 의한 간섭 및 훼손이 있는지 확인하는 방법에 대하여 설명한다.

• 실습 교수는 배관·배선이 설계도 및 도면에 따라 정확히 시공되었는지 검사하고 필요시 조정하는 방법에 대하여 설명한다.

• 실습 교수는 배관·배선끼리 또는 박스 등 기타 부속품의 연결 상태가 완전한지 또는 배선 공사 시 배선에 피해가 없을지 확인하는 방법에 대하여 설명한다.

• 실습 교수는 배관 · 배선 시공 후 안정적 전원 공급을 위하여 절연 저항을 측정하는 방법에 대하여 설명한다.

▣ 학습 방법

• 지도교수는 배관 · 배선 검사하기에 관련된 각종 기준이나 규정, 설계 기준, 표준 시방서 등의 내용을 학습하며 검사 방법에 대한 이론적 지식과 실무 능력을 배양한다.

• 지도교수와 학습자는 배관 · 배선 검사하기에 관련된 학습 목표를 확인하고 교수의 시범을 잘 따라하여 개인별 과제를 수행하는 데 어려움이 없도록 한다.

• 지도교수의 시범이나 수업 보조 자료를 통한 학습을 보고 이해가 가지 않을 때에는 학습자는 질문을 통하여 확실하게 학습이 되도록 하여야 한다.

• 지도교수와 학습자는 배관 · 배선 공사 중 손상 및 타 공종에 의한 간섭 및 훼손이 있는지 확인하는 방법에 대하여 학습한다.

• 학습자는 설계도 및 도면에 따라 정확히 시공되었는지 검사하고 필요 시 조정하는 방법에 대하여 학습한다.

• 학습자는 배관 상호 또는 박스 등 기타 부속품의 연결 상태가 완전한지 또는 배선 공사 시 배선에 피해가 없을지 등 미리 확인하는 방법에 대하여 학습한다.

• 학습자는 배관 · 배선 시공 후 안정적 전원 공급을 위하여 절연 저항 측정하는 방법에 대하여 학습한다.

II. 배관·배선 접지 시험

▣ 사용재료

• 설계도
• 전기 설비 및 설계 기준서

▣ 사용기구

• 테스트기
• 절연저항계
• 자 등

▣ 유의사항

• 테스트기로 절연 저항 측정시 절연 장갑 등 안전 장비를 갖추고 측정하여야 한다.
• 담당 교수 입회하에 실험하며, 안전사고에 유의한다.

▣ 진행 방법

1. 지도교수와 학습자는 배선 공사가 완료되면 배선의 선간 절연 저항을 측정하여 이상 여부를 시험한다.

   ※ 측정 시 부하는 반드시 분리해야 한다.

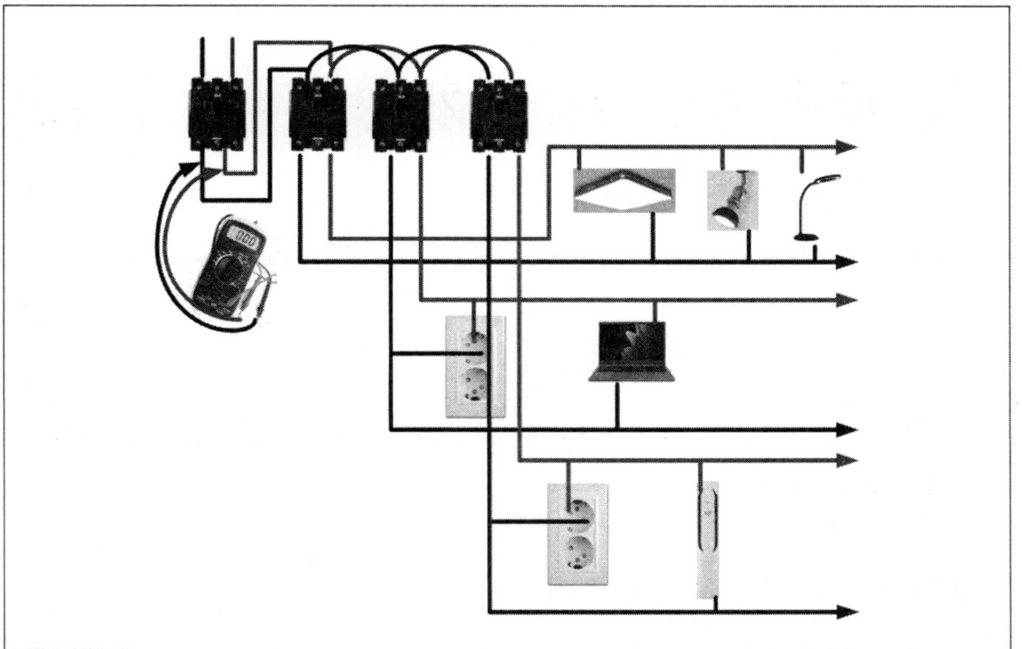

그림 1 배선의 선간 절연 저항 측정 방법

2. 지도교수와 학습자는 인입구 장치의 주 전원 개폐기를 꺼서 부하에 공급되는 전원 공급을 차단한다.

3. 전원스위치와 NFB를 꺼도 안전 확보를 위하여 검전기로 충전 여부를 확인한다.

4. 절연 저항을 측정할 때에는 측정 대상에서 부하 설비의 기기 내 모든 부하는 전로에서 제거하며, 점멸기는 끈 상태로 한 후 측정한다.

5. 전선끼리의 절연 저항을 측정할 때에는 개폐기나 과전류 차단기로 구분할 수 있는 전로마다 절연 저항을 측정한다. 이때 모든 부하는 전로로부터 개로된 상태로 측정한다.

6. 절연 저항 측정 결과 이상 없으면 전로와 대지 간의 절연 저항은 측정되지 않고, 절연 저항 측정 결과 불량 값이 나오면 절연 파괴 또는 절연 강도가 불량한 회로 구간을 찾아내서 다시 결선하는 등 신규 전선 교체 작업 조치를 취한다.

III. 배관·배선 실습 평가

1. 평가자는 학습자가 수행 및 평가 항목에 제시되어 있는 내용을 성공적으로 수행하였는지를 평가해야 한다.

2. 평가자는 다음 사항을 평가해야 한다.

▣ 실습 평가

실습(학습) 내용	평가 항목	미흡	보통	우수
배관·배선 점검	1. 평가자는 배관 배선 공사 중 손상 및 타 공종에 의한 간섭 및 훼손이 있는지 확인할 수 있다.			
	2. 평가자는 설계도 및 도면에 따라 정확히 시공되었는지 검사하고 필요 시 조정한다.			
	3. 평가자는 배관 또는 박스 등 기타 부속품의 연결 상태가 완전한지 또는 배선 공사 시 배선에 피해가 없을지 확인한다.			
	4. 평가자는 배관·배선의 연결상태를 확인한다.			

▣ 서술형 평가

실습(학습) 내용	평가 항목	미흡	보통	우수
배관 · 배선 점검	1. 학습자는 배관 배선공사 중 손상 및 타 공종에 의한 간섭 및 훼손이 있는지 설명할 수 있는 능력이 있어야한다.			
	2. 학습자는 설계도 및 도면에 따라 정확히 시공되었는지 검사하고 필요 시 조정하는 방법에 대하여 설명할 수 있는 능력이 있어야한다.			
	3. 학습자는 배관끼리 또는 박스 등 기타 부속품의 연결 상태가 완전한지 또는 배선 공사 시 배선에 피해가 없을지 확인하는 방법에 대하여 설명할 수 있는 능력이 있어야한다.			
	4. 학습자는 배관· 배선 시공 후 안정적 전원 공급을 위하여 절연 저항 측정 방법을 설명할 수 있는 능력이 있어야한다.			

▣ 작업장 체크리스트

실습(학습) 내용	평가 항목	미흡	보통	우수
배관 · 배선 점검	1. 학습자는 작업에 필요한 도구 준비한다.			
	2. 학습자의 작업 과정 참여도를 확인한다.			
	3. 학습자의 작업 안전 수칙 준수 여부를 확인한다.			
	4. 학습자의 동료들과의 협업상태를 점검한다.			
	5. 학습자의 작업장 정리 정돈 상태를 점검한다.			
	6. 실습장의 작업 장비, 도구, 재료 등의 사용 상태를 점검한다.			

IV. 배관·배선 실습 점검방법

▣ 배관 · 배선 점검방법

점검 내용	미흡	보통	우수
1. 지도교수와 학습자의 사용된 자재의 규격과 치수는 도면과 시방에 적합한지를 확인하였는가?			
2. 지도교수와 학습자는 입선을 하기 전에 배관을 청소 등을 확인하였는가?			
3. 지도교수와 학습자는 배관과 배선시 필히 굴곡반경 규정치를 지켰는가?			
4. 지도교수와 학습자는 전선은 규정공구를 사용해 피복 및 도체의 손상이 없도록 피복을 제거하였는가?			
5. 지도교수와 학습자는 배관의 지지 또는 묶음을 요하는 경우에는 요구되는 간격을 두고 시공하였는가?			
6. 지도교수와 학습자는 케이블의 외피에 접지를 요하는 경우 적정한 접속에 의한 접지가 되도록 하였는가?			
7. 지도교수와 학습자는 박스 및 죠인트 박스내의 전선은 허용 가닥수를 지키고 가지런히 정리하였는가?			
8. 지도교수와 학습자는 전선관 안에서는 전선이 접속된 경우가 발생하지 아니 하도록 하였는가?			
9. 지도교수와 학습자는 전선의 접속용 콘넥트는 그 사용장소에 적합한 난연성 선으로 사용하였는가?			

점검 내용	미흡	보통	우수
10. 지도교수와 학습자는 전선을 배선시는 색상을 분류하였는가?			
11. 지도교수와 학습자는 전선의 허용전류, 전압강하, 인장강도 등이 허용치를 만족하였는가?			
12. 지도교수와 학습자는 전선의 회로표기는 허용된 방법에 따라 적정하게 부착하였는가?			
13. 지도교수와 학습자는 입선 완료후 전선의 절연저항과 연속성을 측정하여 그 결과를 활용하였는가?			
14. 지도교수와 학습자는 시공과 측정이 완료된 후 전선피복과 도체가 손상되지 않도록 적절한 보호조치를 하였는가?			
15. 지도교수와 학습자는 고압케이블, 저압케이블 또는 약전용 케이블 간의 적정한 이격거리를 두었는가?			
16. 지도교수와 학습자는 부하 표준 용량을 확인하고 배선하였는가?			
17. 지도교수와 학습자는 상용 및 비상라인은 분리 시공하였는가?			
18. 지도교수와 학습자는 불필요한 접속은 하지 아니 하였는가?			
19. 지도교수와 학습자는 박스 및 조인트 박스안 및 단자함에서는 배선정리를 깨끗이 하였는가?			
20. 지도교수와 학습자는 케이블의 회로표기는 적정하게 표기하여 유지 보수시 용이하도록 하였는가?			

▣ 관련지식

1. 옥내 배관 및 배선

(1) 건물의 옥내에는 선로를 용이하게 설치하거나 철거할 수 있도록 배관 또는 덕트 등의 시설을 설치한다.

(2) 바닥덕트 또는 배관은 실내의 규모와 용도를 고려하여 성형 또는 망형 등으로 설치한다.

(3) 배관의 규격산정

① 인입관로 및 인입배관 : 장래의 확장을 고려하여 수용될 케이블 외경의 2배 이상으로 한다.

② 옥내배관 : 케이블 단면적(피복 절연물 포함)의 총 합계가 전선관내 단면적의 32% 이하로 한다.

(4) 배관의 굴곡점이나 분기 및 접속을 위하여 필요한 곳에는 단자함이나 접속함을 설치한다.

(5) 업무용 건축물로서 구내선이 7.5 m를 넘는 실내에는 다음과 같이 바닥덕트 또는 배관을 설치한다.

① 바닥덕트 또는 배관은 실내의 용도와 규모를 고려하여 성형 또는 망형 등으로 설치한다.

② 바닥덕트 또는 배관의 교차점 또는 완곡부에는 각 1개씩의 실내 접속함을 설치하며, 실내접속함의 간격은 7.5 m 이내가 되도록 한다.

③ 접속함 및 인출구는 상면에 돌출되거나 침수되지 않도록 설치한다.

(6) 옥내에 설치하는 배관의 요건

① 배관은 외부의 압력 또는 충격 등으로부터 선로를 보호할 수 있는 기계적 강도를 가진 내부식성 금속관을 사용한다.

② 배관의 굴곡은 가능한 완만하게 처리하되, 곡률반경은 배관 내경의 6배 이상으로 한다.

③ 배관의 1구간에 있어서 굴곡개소는 3개소 이내로, 1개소의 굴곡 각도는 90° 이내로 하고, 3개소의 합계는 180° 이내로 한다.

④ 옥내에 설치하는 덕트의 요건 : 덕트는 선로를 용이하게 수용할 수 있는 구조와 유지 · 보수를 위한 충분한 공간을 갖추어야 한다.

2. 풀박스(PB : Pull Box)

(1) 풀박스는 배관공사에서 배관이 긴 경우 배선을 쉽게 하기 위해 중간에 설치하는 박스이다. 크기는 시설하는 배관의 크기 등에 의하여 결정한다.

(2) 아웃렛박스(Outlet Box)

① 아웃렛박스(Outlet box)는 W50㎜×L64㎜×H75㎜보다 작지 않아야 한다.

② 1개 또는 2개의 상용규격 전선관을 수용한다.

(3) 스위치함(Switch Box)

전화, LAN, TV 인출구 등의 단말용 기구로 사용하며, 수용가 용도에 따라 1개구, 2개구 등과 집합형을 사용할 수 있다.

배관 시공하기(실습 1)

▣ 실험목적

본 실습은 건축물(주거용, 업무용)내 전기부하장치를 제공하기 위한 가장 기본적인 공사인 구내 배관·배선 공사의 설계 및 시공, 시험, 유지보수 등 업무 수행을 위해서 필요한 내용으로서 배관·배선의 종류별 분류와 시공방법에 대한 내용을 이해한다.

- 배관·배선 공사에 사용되는 전선관, 박스 및 부속품은 전기안전 관련 기준과 표준에 적합한 것을 선정하고, 배관·배선 공사의 종류 및 규격, 배관 방식 등을 고려하여 설계되었는지 확인한다.
- 전선과 케이블의 종류 및 배관·배선 시공 방법에 맞는 배관 공사를 하기 위해서 도면과 현장 상황을 고려 및 분석한다.
- 배관·배선이 잘 지지될 수 있도록 배관의 길이, 관 상호 간의 간격을 적정하게 유지하여 시공한다.

▣ 실습 사전 준비 지식

1. 배관·배선시 전기안전 규격을 숙지한다.
2. 배관·배선시 배관의 종류에 대하여 숙지한다.
3. 배관 연결시 안전을 위해 부속품의 연결 방법 및 목적을 이해한다.
4. 배관의 종류와 특징에 대하여 사전 공부를 한다.
5. 확장을 위한 박스의 설치 목적을 숙지한다.
6. 덕트의 종류와 설치 목적을 숙지한다.
7. 사용하는 기기의 동작 방법 등(특성)을 잘 이해하고 사용한다.
8. 박스나 새들, 원터치 컨넥터 등의 사용목적과 기능을 숙지한다.
9. 배선시 전선의 종류와 기능을 미리 숙지한다.
10. 전선의 색깔은 반드시 구분하여 사용한다.

▣ 배관 실험 방법

1. 실습 지시서를 보고 전선관 배선 공사에 사용되는 배관의 종류, 기구배치도, 요구 조건 등을 확인하여 실습한다.
2. 지급된 재료가 규격에 맞는 제품인지를 확인한다.
3. 설계도를 보고 배선 실체도를 그리고 시공한다.
4. 배관을 한다.
   4-1. 전기 설비기준 및 판단기준의 내선 규정을 준수하여 시공한다.
5. 점검 및 작동 시험을 한다.
6. 단, 금속 전선관 사용시에는 접지를 해야한다.
   6-1. 접지시 절연성 도료나 이물질을 완전히 제거해야한다.
   6-2. 금속 전선과 접지 본딩 작업을 할 때는 2.5 mm 나동선인 접지 본드선을 접지 클램프의 홈에 삽입하고 클램프를 감는다.

▣ 사용재료

· 각종 전선관
· 새들
· 박스
· 피스
· 스위치
· 리셉트컬(전등소켓)
· 연결 빅스

▣ 사용기구

- 전선관 커팅기
- 부탄가스
- 드라이버 등

▣ 실습도면

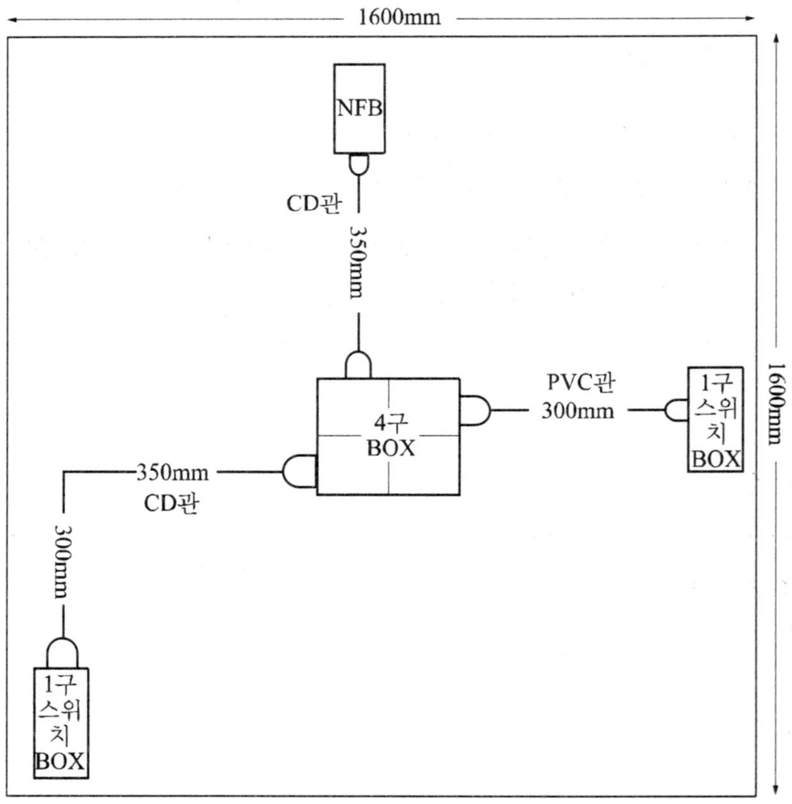

① 실험 보드판에 도면을 그린다.

② 사각박스와 스위치 등 기타 배관시 필요한 준비물을 준비한다.

②-1. 박스에 배관과 전선보호를 위해 부싱을 연결한다.

③ 전선관 종류를 준비한다.

③-1. 박스와 부하 사이에 전선관을 연결한다.

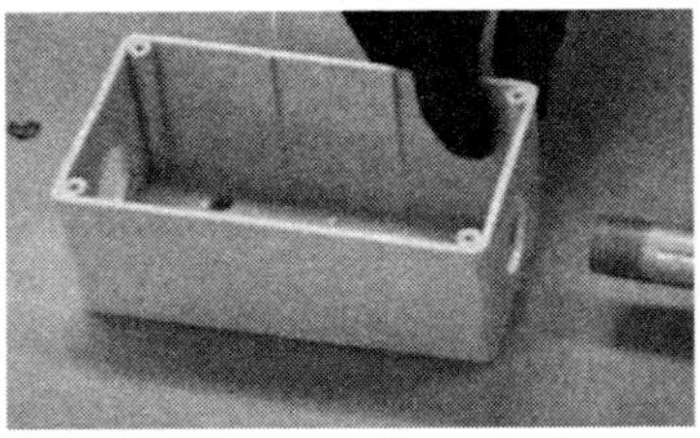

④ 전선관을 시공하여 길이가 길 경우 새들을 설치한다.

④-1. 새들을 설치하여 전선관을 고정한다.

⑤ 전선관 설치시에는 반드시 전선치구가 가능하도록 R곡선을 준다.

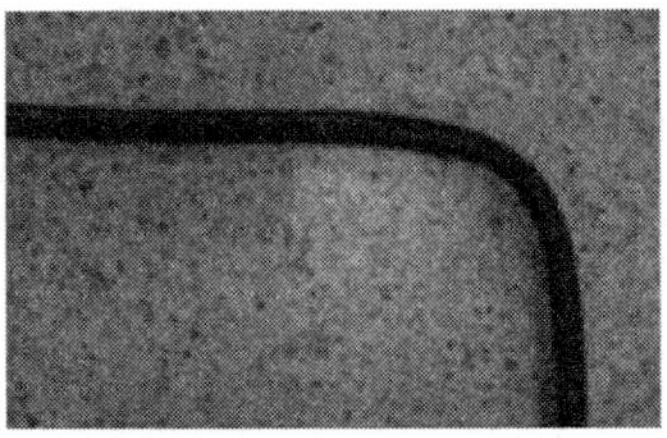

▣ 따라하기

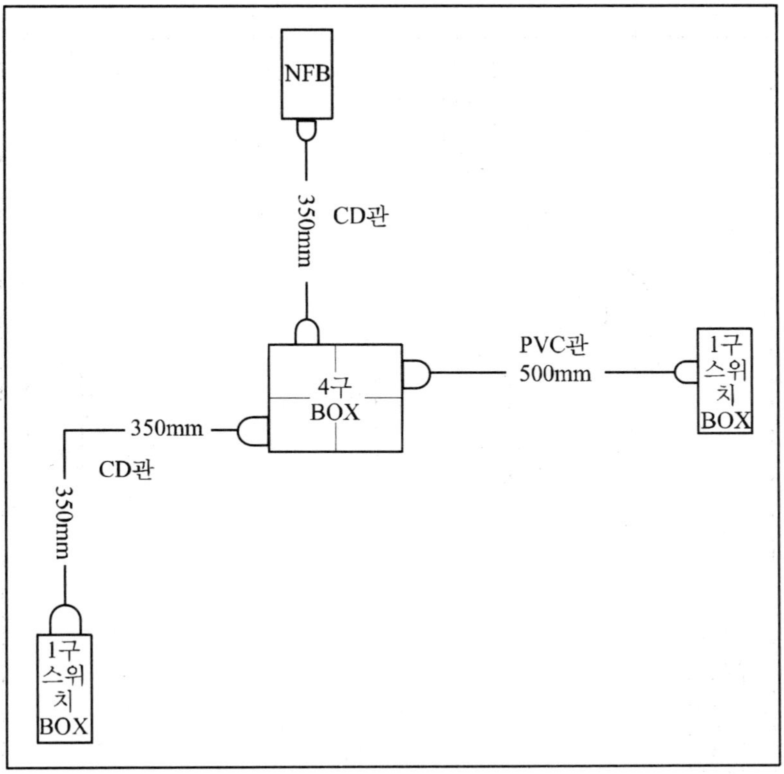
NFB
350mm
CD관
4구
BOX
PVC관
500mm
1구
스위
치
BOX
350mm
CD관
350mm
1구
스위
치
BOX

① 배관전 부품(NFB, 스위치 박스, 4구 박스)의 위치를 선정하고 고정시킨다.

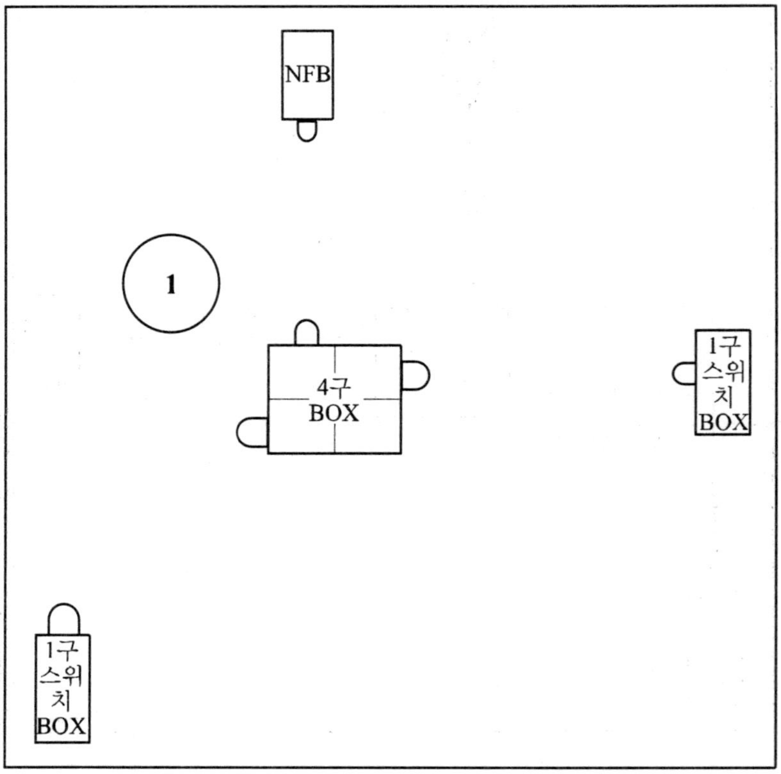

② NFB와 4구 박스 간에 배관을 설치한다.

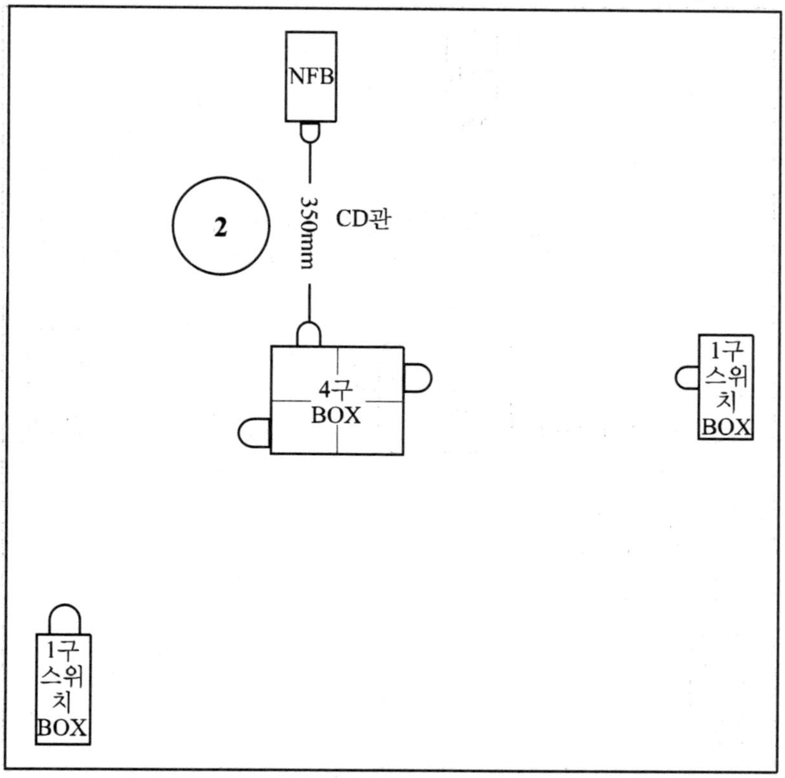

③ 4구 박스와 1구 스위치박스에 배관을 설치한다.

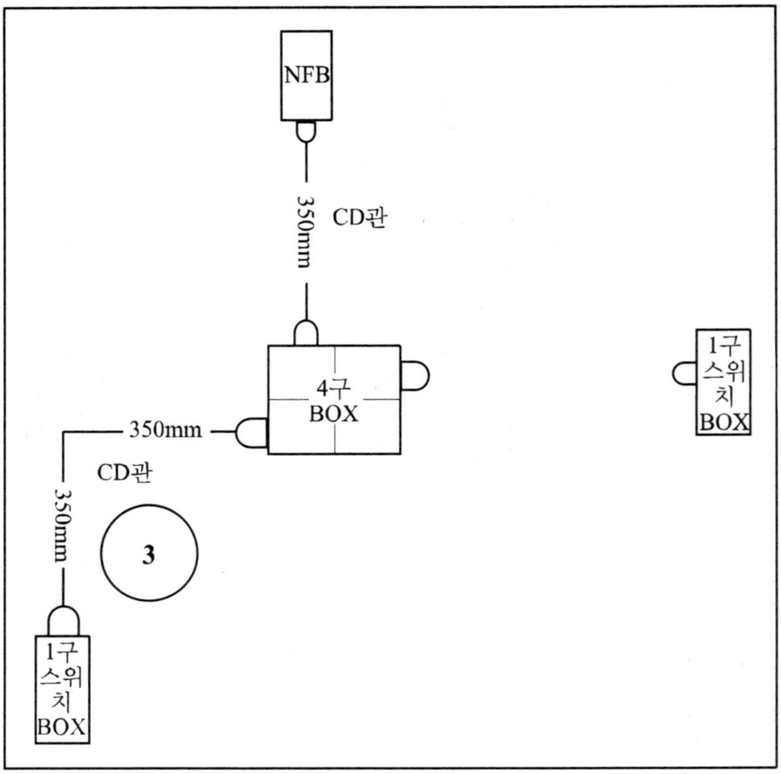

④ 4구 박스와 1구 스위치박스에 배관을 설치한다.

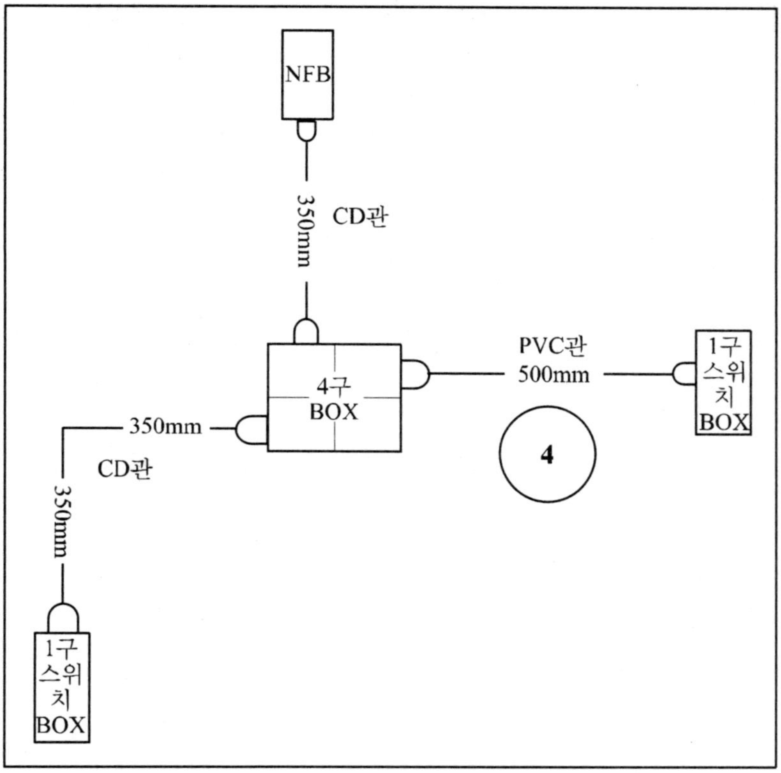

실험제목	배관 시공하기 (실습1)				
학년		반		학번	
실 험 조		성명		실험일자	

실습사진

배관 · 배선시 문제점이나 차후 개선점

배관 시공하기(실습 2)

▣ 실험목적

본 실습은 건축물(주거용, 업무용)내 전기부하장치를 제공하기 위한 가장 기본적인 공사인 구내 배관·배선 공사의 설계 및 시공, 시험, 유지보수 등 업무 수행을 위해서 필요한 내용으로서 배관·배선의 종류별 분류와 시공방법에 대한 내용을 이해한다.

▣ 사용재료

· 각종 전선관
· 새들
· 박스
· 피스
· 스위치
· 리셉트컬(전등소켓)
· 연결 빅스

▣ 사용기구

· 전선관 커팅기
· 부탄가스
· 드라이버 등

▣ 실습도면

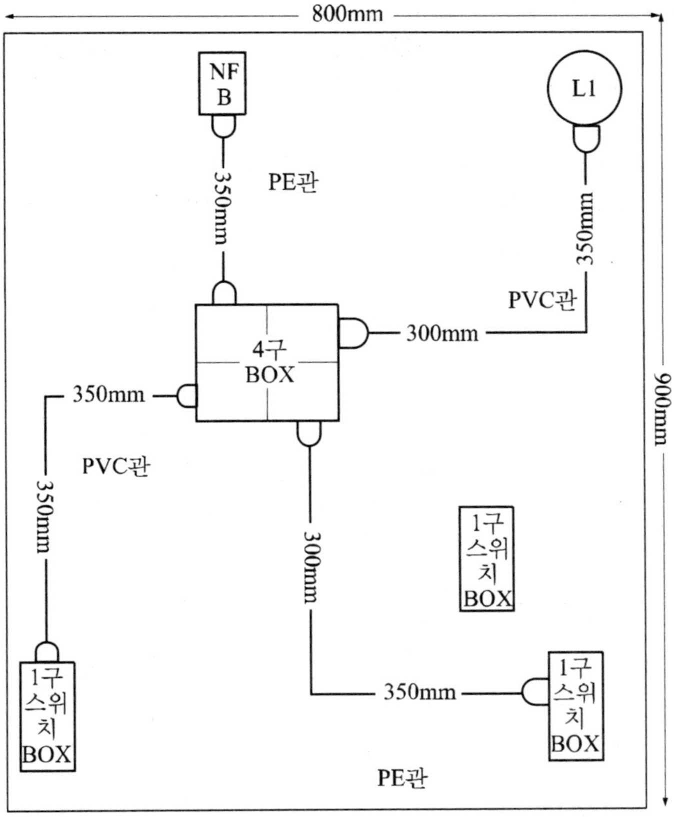

① 실험 보드판에 도면을 그린다.

② 사각박스와 스위치 등 기타 배관시 필요한 준비물을 준비한다.

③ 전선관 종류를 준비한다.

④ 전선관을 시공하여 길이가 길 경우 새들을 설치한다.

⑤ 전선관 설치시에는 반드시 전선치구가 가능하도록 R곡선을 준다.

실험제목	배관 시공하기 (실습2)				
학년		반		학번	
실 험 조		성명		실험일자	

실습사진

배관 · 배선시 문제점이나 차후 개선점

배관 시공하기(실습 3)

▣ 실험목적

본 실습은 건축물(주거용, 업무용)내 전기부하장치를 제공하기 위한 가장 기본적인 공사인 구내 배관·배선 공사의 설계 및 시공, 시험, 유지보수 등 업무 수행을 위해서 필요한 내용으로서 배관·배선의 종류별 분류와 시공방법에 대한 내용을 이해한다.

▣ 사용재료

- 각종 전선관
- 새들
- 박스
- 피스
- 스위치
- 리셉트컬(전등소켓)
- 연결 빅스

▣ 사용기구

- 전선관 커팅기
- 부탄가스
- 드라이버 등

▣ 실습도면

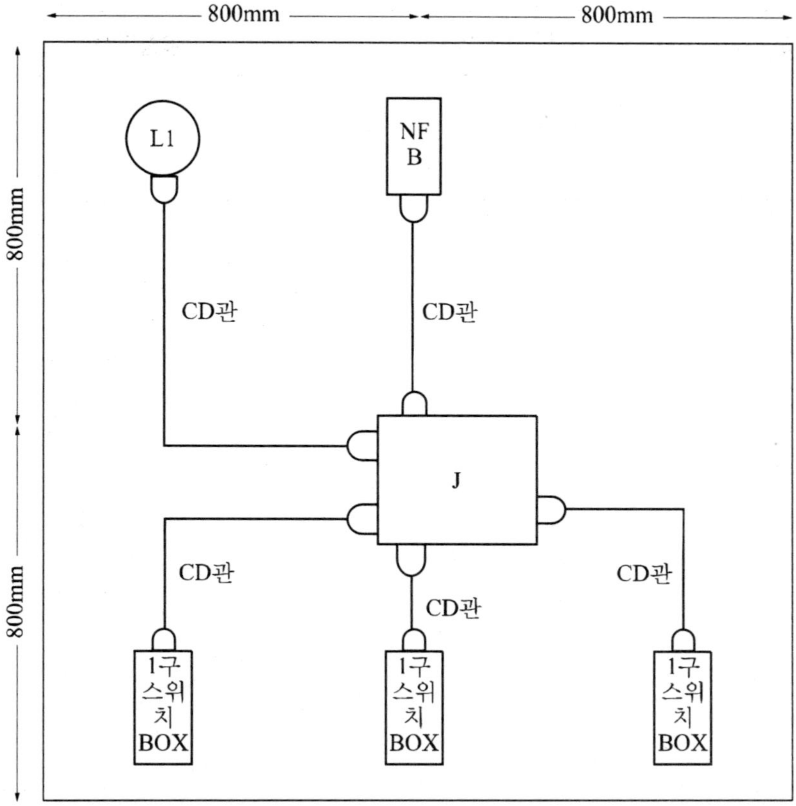

① 실험 보드판에 도면을 그린다.

② 사각박스와 스위치, 인셉터컬 등 기타 배관시 필요한 준비물을 준비한다.

③ 전선관 종류를 준비한다.

④ 전선관을 시공하여 길이가 길 경우 새들을 설치한다.

⑤ 전선관 설치시에는 반드시 전선치구가 가능하도록 R곡선을 준다.

실험제목	배관 시공하기 (실습3)				
학년		반		학번	
실 험 조		성명		실험일자	

실습사진

배관 · 배선시 문제점이나 차후 개선점

배관 시공하기(실습 4)

▣ 실험목적

본 실습은 건축물(주거용, 업무용)내 전기부하장치를 제공하기 위한 가장 기본적인 공사인 구내 배관·배선 공사의 설계 및 시공, 시험, 유지보수 등 업무 수행을 위해서 필요한 내용으로서 배관·배선의 종류별 분류와 시공방법에 대한 내용을 이해한다.

▣ 사용재료

· 각종 전선관
· 새들
· 박스
· 피스
· 스위치
· 리셉트컬(전등소켓)
· 연결 빅스

▣ 사용기구

· 전선관 커팅기
· 부탄가스
· 드라이버 등

▣ 실습도면

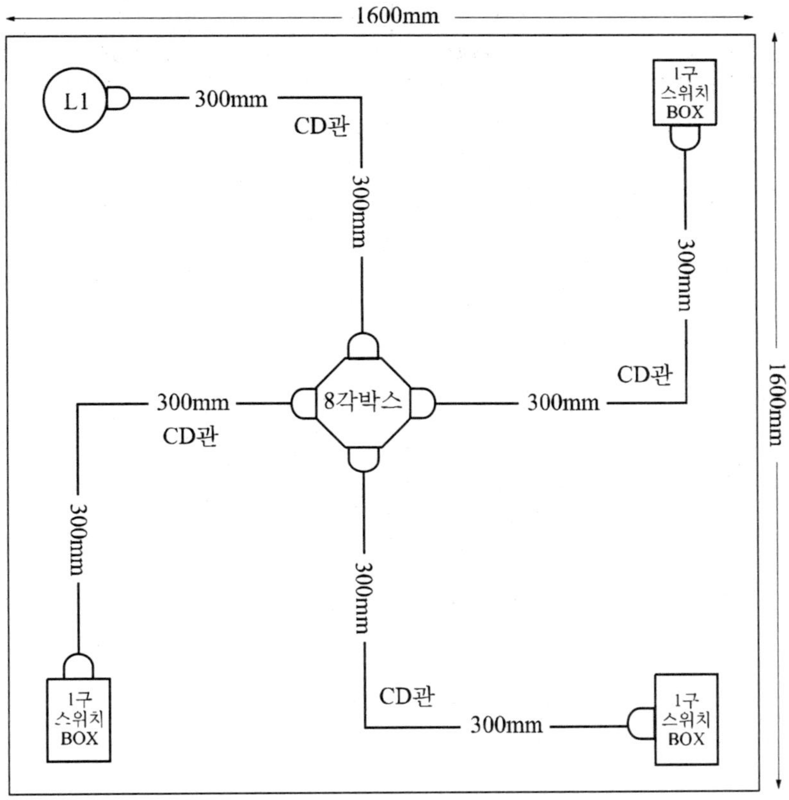

① 실험 보드판에 도면을 그린다.

② 사각박스와 스위치, 인셉터컬 등 기타 배관시 필요한 준비물을 준비한다.

③ 전선관 종류를 준비한다.

④ 전선관을 시공하여 길이가 길 경우 새들을 설치한다.

⑤ 전선관 설치시에는 반드시 전선치구가 가능하도록 R곡선을 준다.

실험제목	배관 시공하기 (실습4)				
학년		반		학번	
실 험 조		성명		실험일자	

실습사진

배관 · 배선시 문제점이나 차후 개선점

배관 시공하기(실습 5)

▣ 실험목적

본 실습은 건축물(주거용, 업무용) 내 전기부하장치를 제공하기 위한 가장 기본적인 공사인 구내 배관·배선 공사의 설계 및 시공, 시험, 유지보수 등 업무 수행을 위해서 필요한 내용으로서 배관·배선의 종류별 분류와 시공방법에 대한 내용을 이해한다.

▣ 사용재료

· 각종 전선관
· 새들
· 박스
· 피스
· 스위치
· 리셉트컬(전등소켓)
· 연결 빅스

▣ 사용기구

· 전선관 커팅기
· 부탄가스
· 드라이버 등

▣ 실습도면

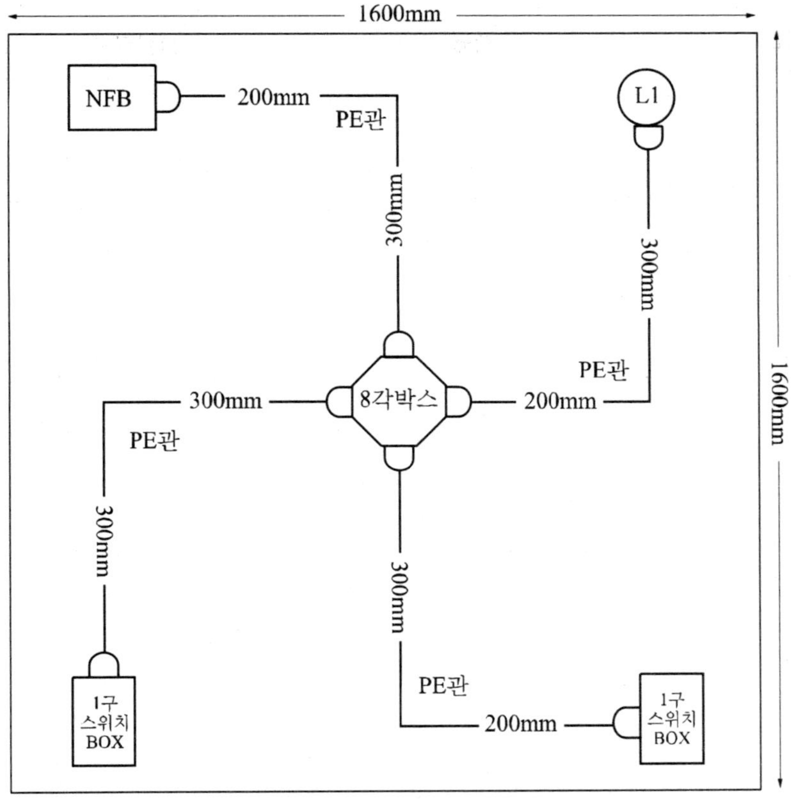

① 실험 보드판에 도면을 그린다.

② 사(팔)각박스와 스위치, 인셉터컬 등 기타 배관시 필요한 준비물을 준비한다.

③ 전선관 종류를 준비한다.

④ 전선관을 시공하여 길이가 길 경우 새들을 설치한다.

⑤ 전선관 설치시에는 반드시 전선치구가 가능하도록 R곡선을 준다.

실험제목	배관 시공하기 (실습5)				
학년		반		학번	
실 험 조		성명		실험일자	

실습사진

배관 · 배선시 문제점이나 차후 개선점

배관 시공하기(실습 6)

▣ 실험목적

본 실습은 건축물(주거용, 업무용)내 전기부하장치를 제공하기 위한 가장 기본적인 공사인 구내 배관·배선 공사의 설계 및 시공, 시험, 유지보수 등 업무 수행을 위해서 필요한 내용으로서 배관·배선의 종류별 분류와 시공방법에 대한 내용을 이해한다.

▣ 사용재료

· 각종 전선관
· 새들
· 박스
· 피스
· 스위치
· 리셉트컬(전등소켓)
· 연결 빅스

▣ 사용기구

· 전선관 커팅기
· 부탄가스
· 드라이버 등

▣ 실습도면

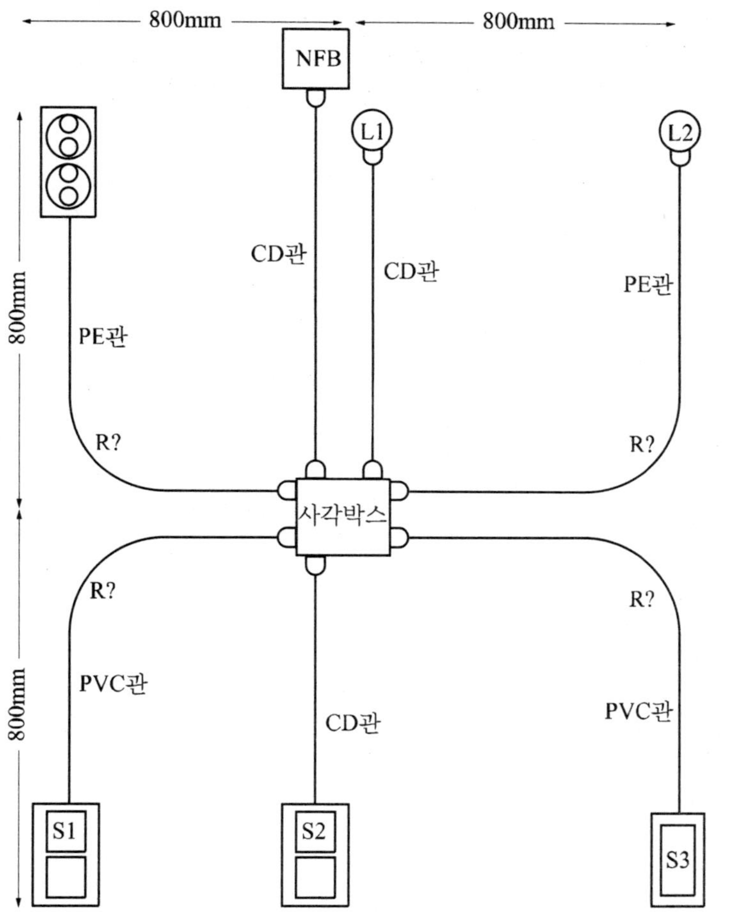

① 실험 보드판에 도면을 그린다.

② 사각박스와 스위치, 인셉터컬 등 기타 배관시 필요한 준비물을 준비한다.

③ 전선관 종류를 준비한다.

④ 전선관을 시공하여 길이가 길 경우 새들을 설치한다.

⑤ 전선관 설치시에는 반드시 전선치구가 가능하도록 R곡선을 준다.

실험제목	배관 시공하기 (실습6)				
학년		반		학번	
실 험 조		성명		실험일자	

실습사진

배관 · 배선시 문제점이나 차후 개선점

배관 시공하기(실습 7)

▣ 실험목적

본 실습은 건축물(주거용, 업무용)내 전기부하장치를 제공하기 위한 가장 기본적인 공사인 구내 배관·배선 공사의 설계 및 시공, 시험, 유지보수 등 업무 수행을 위해서 필요한 내용으로서 배관·배선의 종류별 분류와 시공방법에 대한 내용을 이해한다.

▣ 사용재료

· 각종 전선관
· 새들
· 박스
· 피스
· 스위치
· 리셉트컬(전등소켓)
· 연결 빅스

▣ 사용기구

· 전선관 커팅기
· 부탄가스
· 드라이버 등

▣ 실습도면

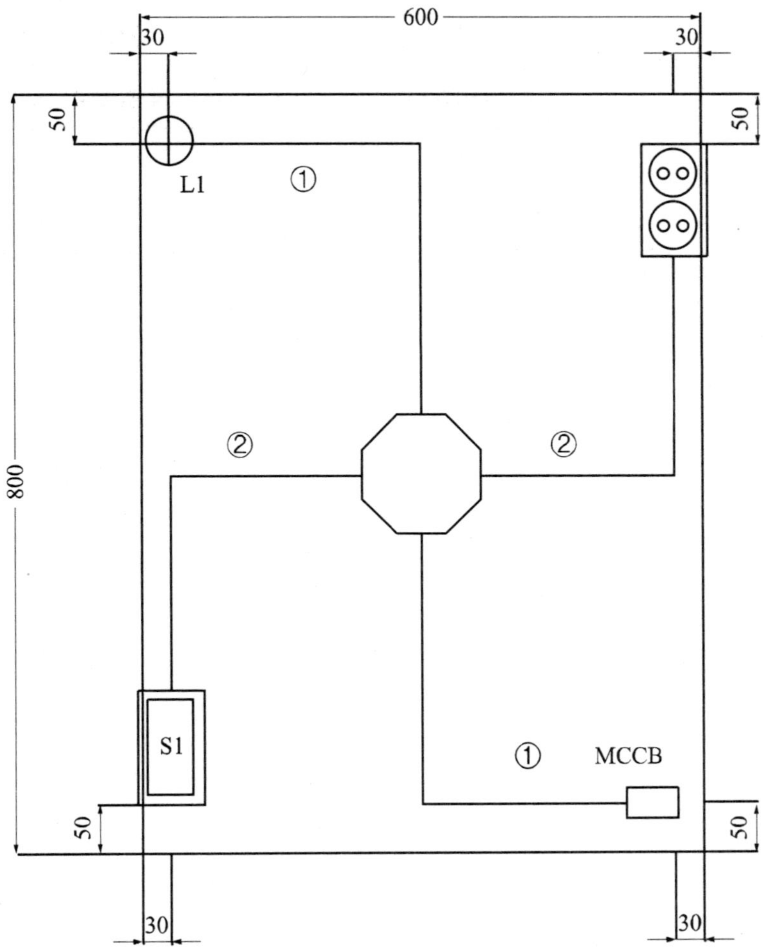

배관 참조 : ① PVC관 ② PE관

① 실험 보드판에 도면을 그린다.

② 사(팔)각박스와 스위치, 인셉터컬 등 기타 배관시 필요한 준비물을 준비한다.

③ 전선관 종류를 준비한다.

④ 전선관을 시공하여 길이가 길 경우 새들을 설치한다.

⑤ 전선관 설치시에는 반드시 전선치구가 가능하도록 R곡선을 준다.

실험제목	배관 시공하기 (실습7)				
학년		반		학번	
실 험 조		성명		실험일자	

실습사진

배관 · 배선시 문제점이나 차후 개선점

배관 시공하기(실습 8)

▣ 실험목적

본 실습은 건축물(주거용, 업무용)내 전기부하장치를 제공하기 위한 가장 기본적인 공사인 구내 배관·배선 공사의 설계 및 시공, 시험, 유지보수 등 업무 수행을 위해서 필요한 내용으로서 배관·배선의 종류별 분류와 시공방법에 대한 내용을 이해한다.

▣ 사용재료

· 각종 전선관
· 새들
· 박스
· 피스
· 스위치
· 리셉트컬(전등소켓)
· 연결 빅스

▣ 사용기구

· 전선관 커팅기
· 부탄가스
· 드라이버 등

▣ 실습도면

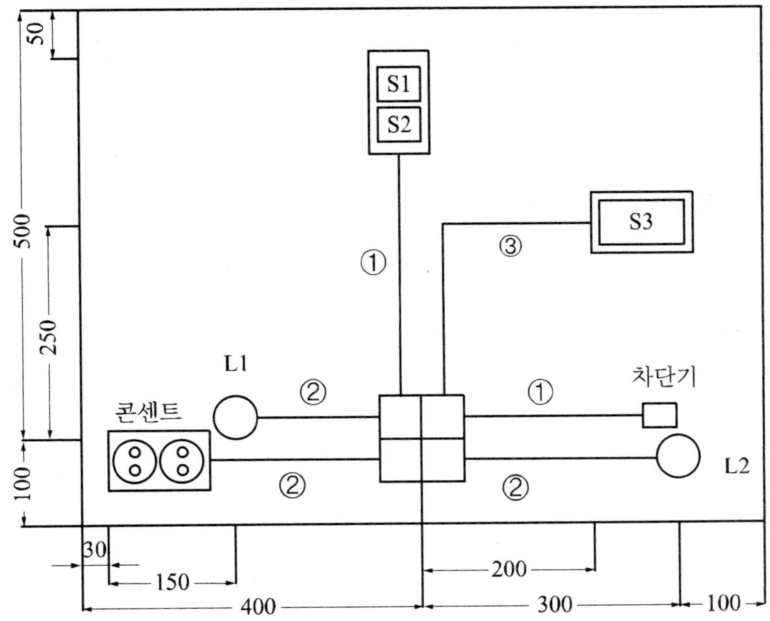

배관 참조 : ① CD관 ② PE관 ③ PVC관

① 실험 보드판에 도면을 그린다.

② 사각박스와 스위치, 인셉터컬 등 기타 배관시 필요한 준비물을 준비한다.

③ 전선관 종류를 준비한다.

④ 전선관을 시공하여 길이가 길 경우 새들을 설치한다.

⑤ 전선관 설치시에는 반드시 전선치구가 가능하도록 R곡선을 준다.

실험제목	배관 시공하기 (실습8)				
학년		반		학번	
실 험 조		성명		실험일자	

실습사진

배관 · 배선시 문제점이나 차후 개선점

배관 · 배선 시공하기(실습 9)

▣ 실험목적

본 실습은 건축물(주거용, 업무용)내 전기부하장치를 제공하기 위한 가장 기본적인 공사인 구내 배관·배선 공사의 설계 및 시공, 시험, 유지보수 등 업무 수행을 위해서 필요한 내용으로서 배관·배선의 종류별 분류와 시공방법에 대한 내용을 이해한다.

▣ 배관 · 배선 실험 방법

1. 실습 지시서를 보고 전선관 배선 공사에 사용되는 배관의 종류, 기구배치도, 요구조건 등을 확인하여 실습한다.

2. 지급된 재료가 규격에 맞는 제품인지를 확인하고, 테스트기를 사용하여 기구들의 이상 유무를 확인하고 작업 준비를 한다.

3. 설계도를 보고 배선 실체도를 그리고 전선관에 전선을 작업한다.
   - 3-1. 기구 배치도화 전선 회로도를 보고 배선 복선도를 그린다.
   - 3-2. 전선의 색깔을 구분하여 시고하고, 배선 복선도를 그린다.
   - 3-3. 박스 내부에서 전선 길이는 15 cm 정도의 여유를 가지도록 한다.

4. 배관·배선을 한다.
   - 4-1. 전선의 접속은 박스 안에서만 해야 하고, 접속 부분은 컨넥터를 사용하여 처리한다.
   - 4-2. 기구 접속시는 전선의 색깔을 반드시 구분해야 한다. 전기 설비기준 및 판단기준의 내선 규정을 준수하여 시공한다.

5. 점검 및 작동 시험을 한다.
   5-1. 회로 시험기나 테스터기로 회로 구성이 제대로 되었는지를 확인하고, 전원을 투입하고 작동 시험을 한다.

▣ 사용재료

· 각종 전선관
· 새들
· 박스
· 피스
· 연결 빅스
· 전선
· 스위치
· 램프

▣ 사용기구

· 전선관 커팅기
· 부탄가스
· 스트립퍼

▣ 실습도면

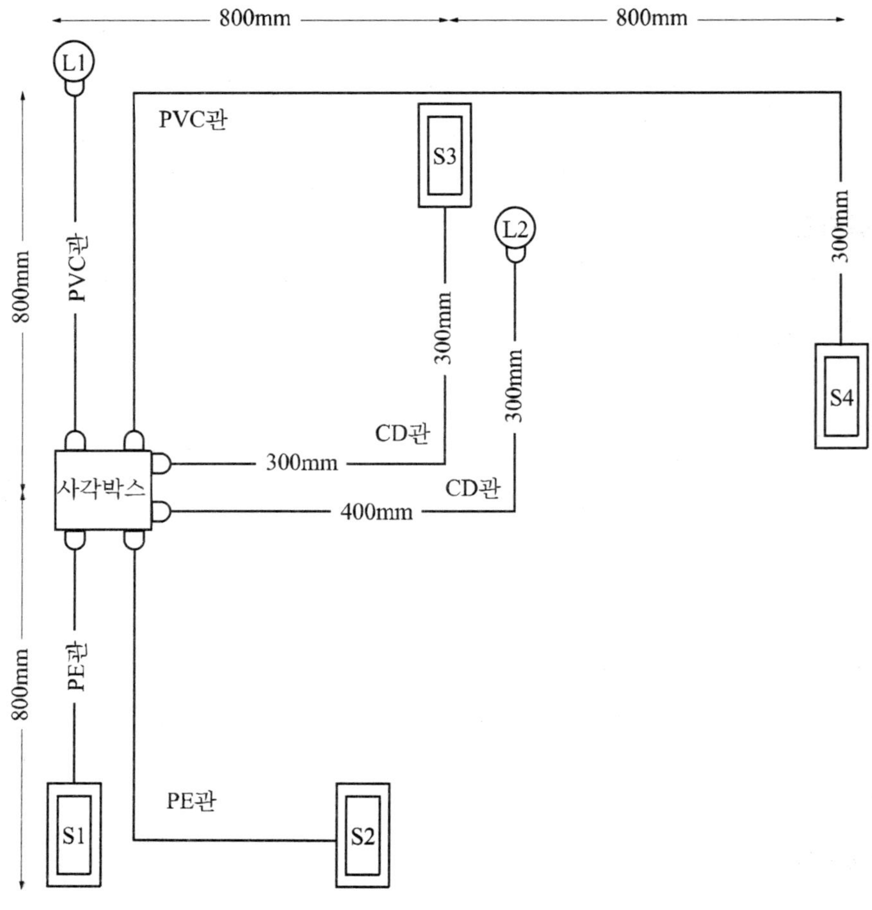
800mm
800mm
L1
PVC관
S3
L2
300mm
800mm
PVC관
300mm
300mm
S4
CD관
사각박스
300mm
CD관
400mm
800mm
PE관
PE관
S1
S2

① 실험 보드판에 도면을 그린다.

② 사(팔)각박스와 스위치, 인셉터컬 등 기타 배관시 필요한 준비물을 준비한다.

③ 전선관 종류를 준비한다.

④ 전선을 준비한다. (전선 색깔에 유의한다.)

④-1. 분기를 위해 전선과 원터치 컨넥터를 연결한다.

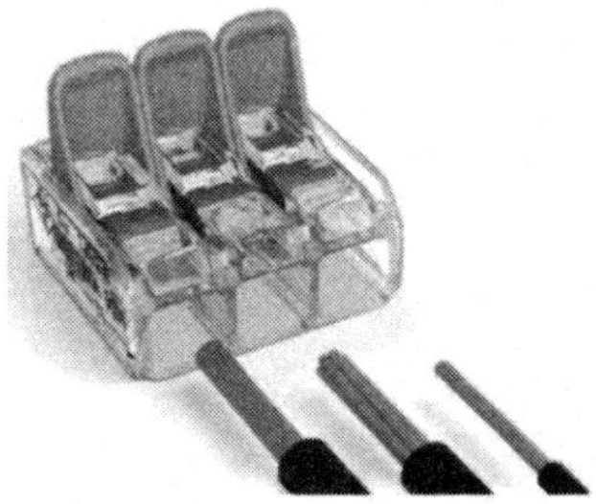

⑤ 전선관을 시공하여 길이가 길 경우 새들을 설치한다.

⑥ 전선관 설치시에는 반드시 전선치구가 가능하도록 R곡선을 준다.

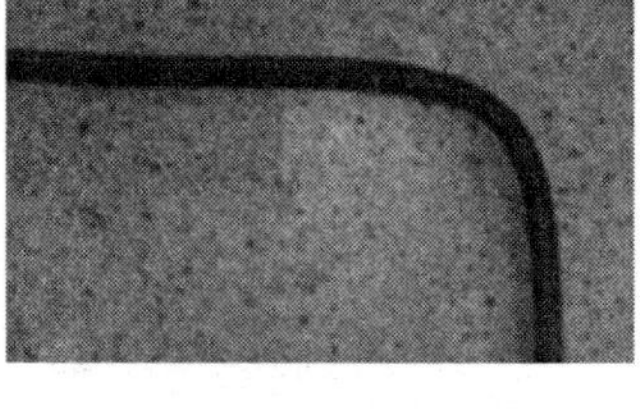

■ 따라하기

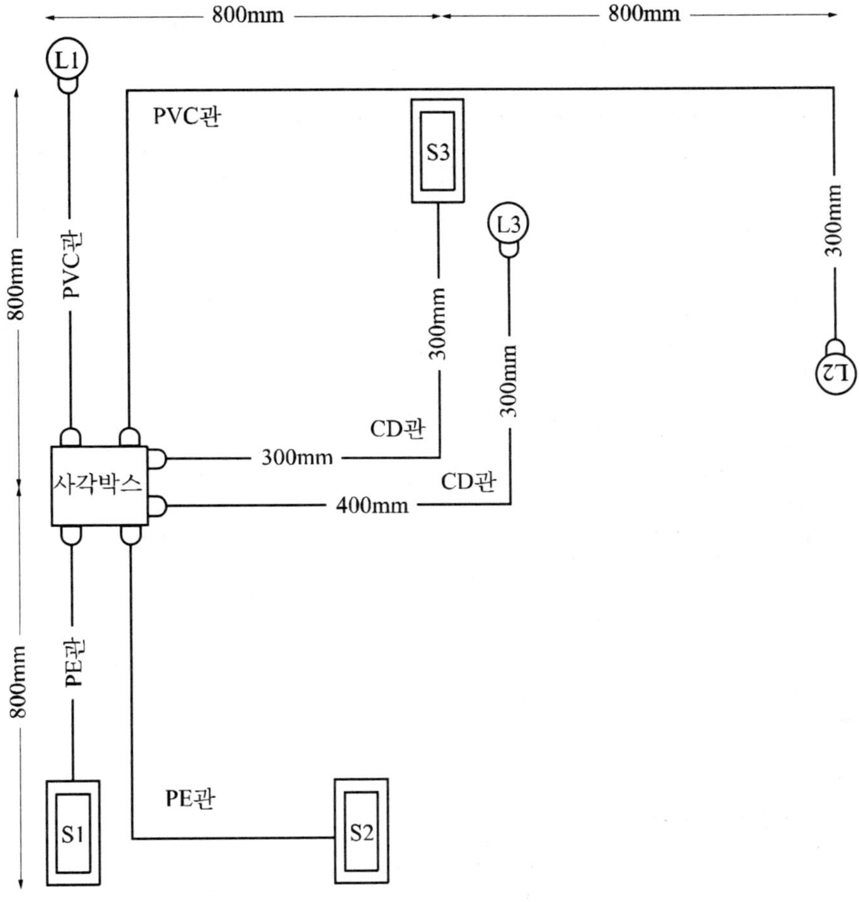
800mm
800mm
L1
PVC관
S3
L3
300mm
800mm
PVC관
300mm
300mm
L2
CD관
300mm
사각박스
CD관
400mm
800mm
PE관
PE관
S1
S2

① 4각 박스와 S3(스위치)간 배선을 한다.

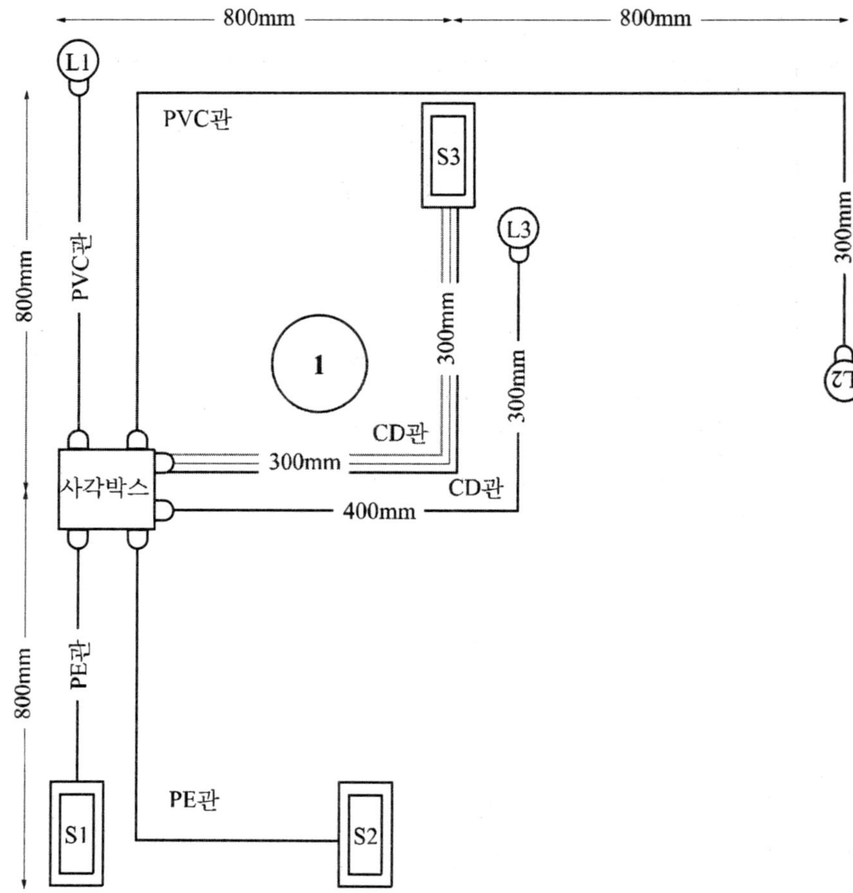

② 4각 박스와 S1(스위치)간 배선을 한다.

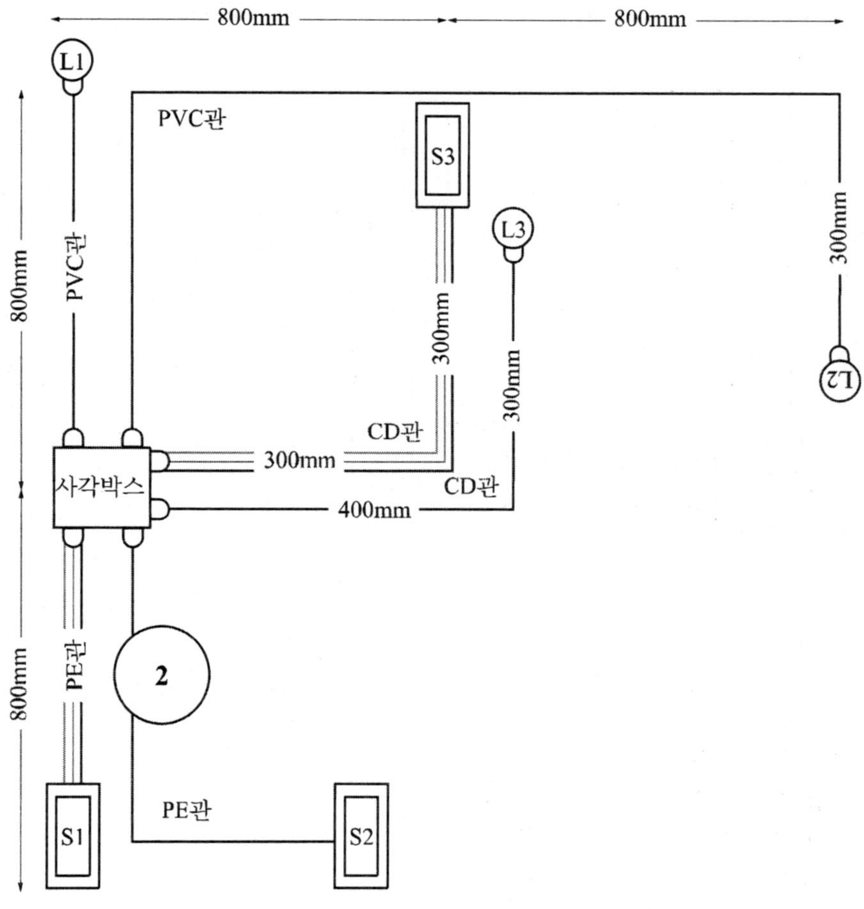

③ 4각 박스와 S2(스위치)간 배선을 한다.

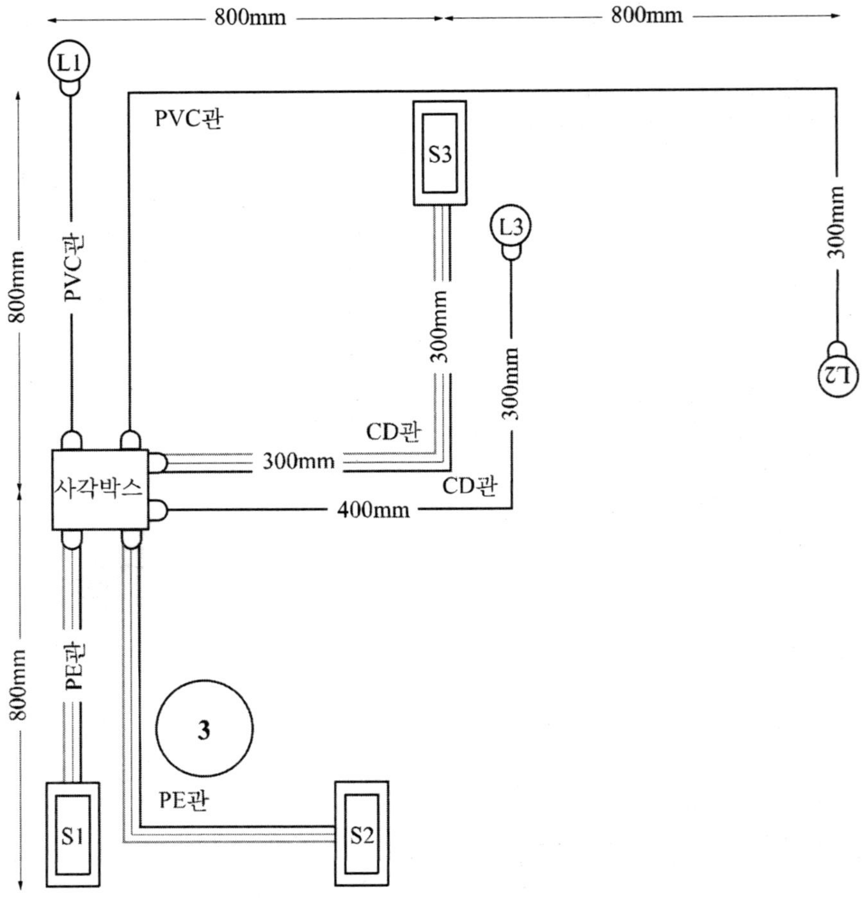

④ 4각 박스와 S2(스위치) 및 L2(부하)간 배선을 한다.

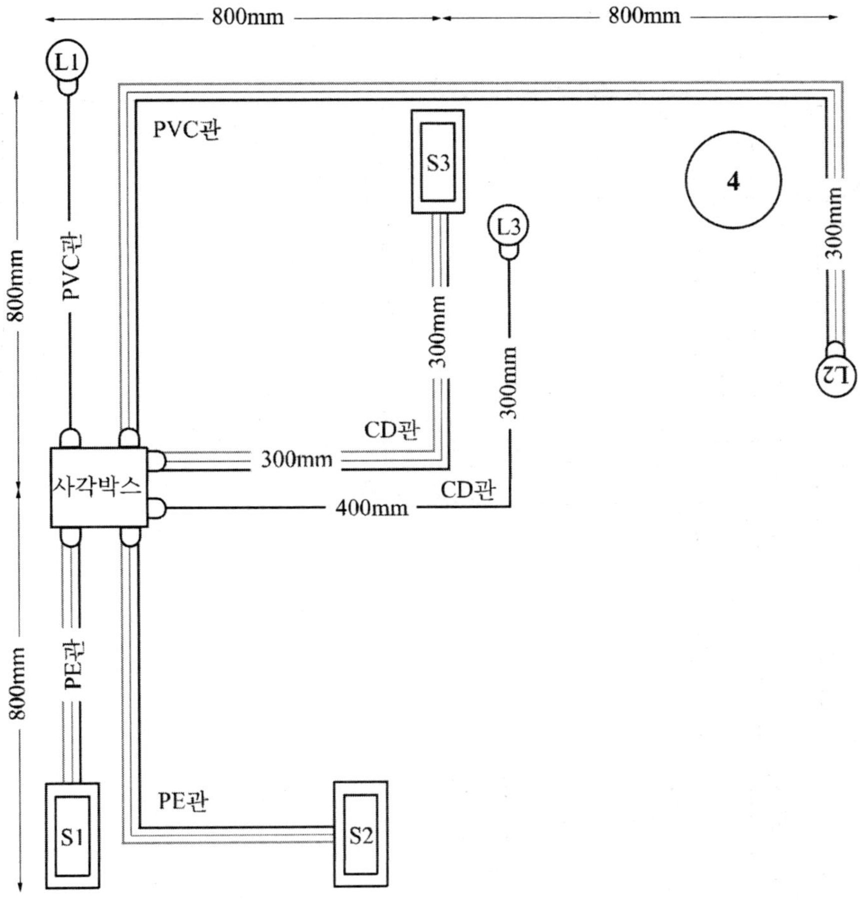

⑤ 4각 박스와 S1(스위치) 및 L1(부하)간 배선을 한다.

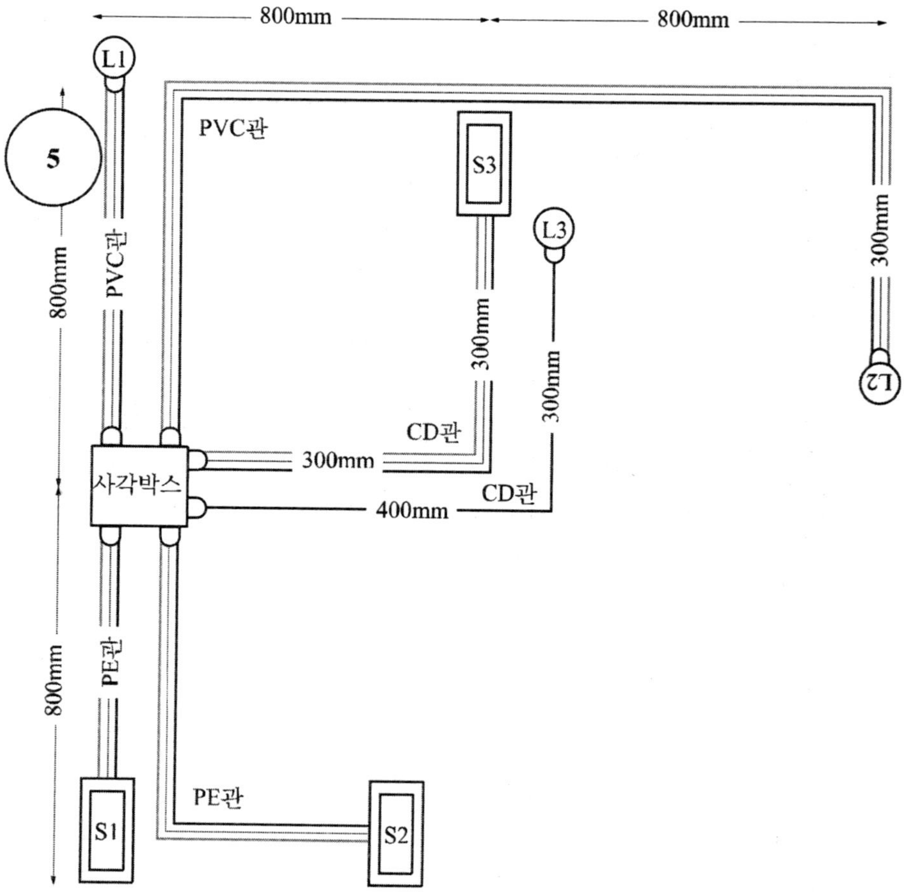

⑥ 4각 박스와 S3(스위치) 및 L3(부하)간 배선을 한다.

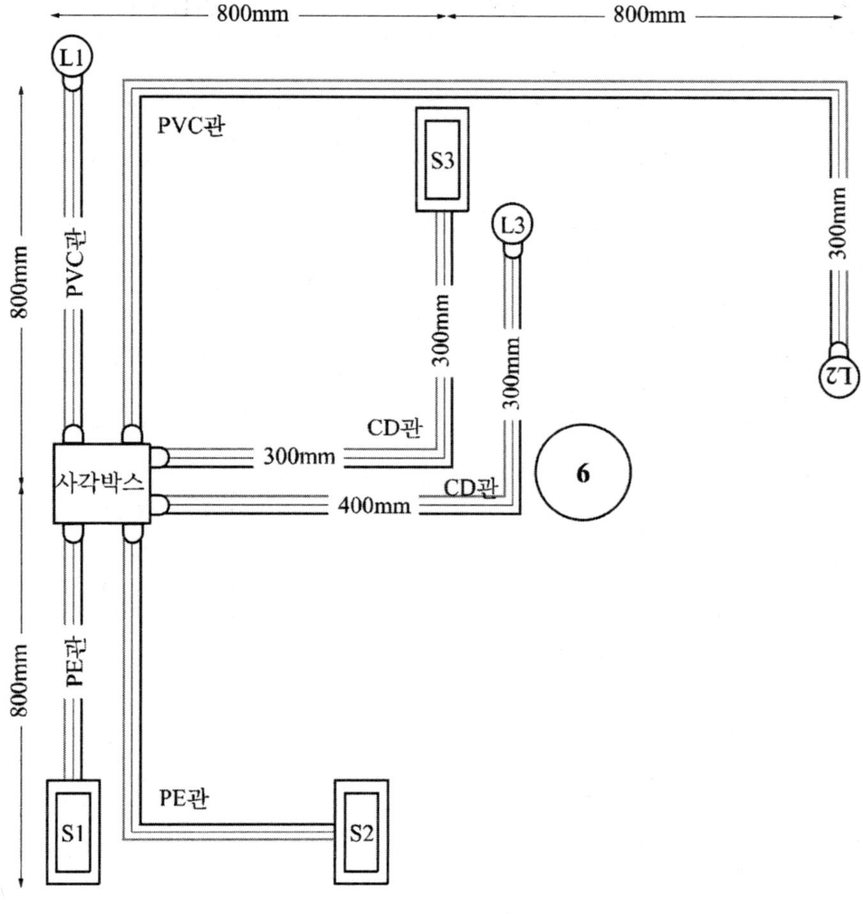

실험제목	배관 · 배선 시공하기 (실습9)				
학년		반		학번	
실 험 조		성명		실험일자	

실습사진

배관 · 배선시 문제점이나 차후 개선점

배관 · 배선 시공하기(실습 10)

▣ 실험목적

본 실습은 건축물(주거용, 업무용)내 전기부하장치를 제공하기 위한 가장 기본적인 공사인 구내 배관·배선 공사의 설계 및 시공, 시험, 유지보수 등 업무 수행을 위해서 필요한 내용으로서 배관·배선의 종류별 분류와 시공방법에 대한 내용을 이해한다.

▣ 사용재료

· 각종 전선관
· 새들
· 박스
· 피스
· 연결 빅스
· 전선
· 스위치
· 램프

▣ 사용기구

· 전선관 커팅기
· 부탄가스
· 스트립퍼

▣ 실습도면

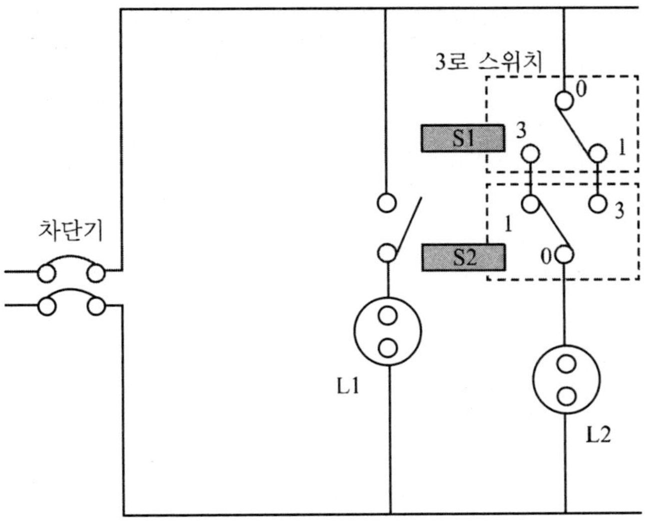

① 실험 보드판에 도면을 그린다.

② 사(팔)각박스와 스위치, 인셉터컬 등 기타 배관시 필요한 준비물을 준비한다.

③ 전선관 종류를 준비한다.

④ 전선을 준비한다.(전선 색깔에 유의한다.)

⑤ 전선관을 시공하여 길이가 길 경우 새들을 설치한다.

⑥ 전선관 설치시에는 반드시 전선치구가 가능하도록 R곡선을 준다.

실험제목	배관 · 배선 시공하기 (실습10)				
학년		반		학번	
실 험 조		성명		실험일자	

실습사진

배관 · 배선시 문제점이나 차후 개선점

배관 · 배선 시공하기(실습 11)

▣ 실험목적

본 실습은 건축물(주거용, 업무용)내 전기부하장치를 제공하기 위한 가장 기본적인 공사인 구내 배관 · 배선 공사의 설계 및 시공, 시험, 유지보수 등 업무 수행을 위해서 필요한 내용으로서 배관 · 배선의 종류별 분류와 시공방법에 대한 내용을 이해한다.

▣ 사용재료

· 각종 전선관
· 새들
· 박스
· 피스
· 연결 빅스
· 램프
· 전선
· 스위치

▣ 사용기구

· 전선관 커팅기
· 부탄가스
· 스트립퍼

▣ 실습도면

[2입력 – 2출력]

스위치		램프	
S1	S2	L1	L2
0	0	0	0
0	1	0	1
1	0	1	0
1	1	1	1

① 진리표 내용대로 실험 보드판에 도면을 그린다.

② 사(팔)각박스와 스위치, 인셉터컬 등 기타 배관시 필요한 준비물을 준비한다.

③ 전선관 종류를 준비한다.

④ 전선을 준비한다.(전선 색깔에 유의한다.)

⑤ 전선관을 시공하여 길이가 길 경우 새들을 설치한다.

⑥ 전선관 설치시에는 반드시 전선치구가 가능하도록 R곡선을 준다.

실험제목	배관 · 배선 시공하기 (실습11)				
학년		반		학번	
실 험 조		성명		실험일자	

실습사진

배관 · 배선시 문제점이나 차후 개선점

배관 · 배선 시공하기(실습 12)

▣ 실험목적

본 실습은 건축물(주거용, 업무용)내 전기부하장치를 제공하기 위한 가장 기본적인 공사인 구내 배관·배선 공사의 설계 및 시공, 시험, 유지보수 등 업무 수행을 위해서 필요한 내용으로서 배관·배선의 종류별 분류와 시공방법에 대한 내용을 이해한다.

▣ 사용재료

· 각종 전선관
· 새들
· 박스
· 피스
· 연결 빅스
· 전선
· 스위치
· 램프

▣ 사용기구

· 전선관 커팅기
· 부탄가스
· 스트립퍼

▣ 실습도면

[2입력 – 2출력]

스위치		램프	
S1	S2	L1	L2
0	0	0	1
0	1	0	0
1	0	1	1
1	1	1	0

① 진리표 내용대로 실험 보드판에 도면을 그린다.

② 사(팔)각박스와 스위치, 인셉터컬 등 기타 배관시 필요한 준비물을 준비한다.

③ 전선관 종류를 준비한다.

④ 전선을 준비한다.(전선 색깔에 유의한다.)

⑤ 전선관을 시공하여 길이가 길 경우 새들을 설치한다.

⑥ 전선관 설치시에는 반드시 전선치구가 가능하도록 R곡선을 준다.

실험제목	배관 · 배선 시공하기 (실습12)				
학년		반		학번	
실 험 조		성명		실험일자	

실습사진

배관 · 배선시 문제점이나 차후 개선점

배관 · 배선 시공하기(실습 13)

▣ 실험목적

본 실습은 건축물(주거용, 업무용)내 전기부하장치를 제공하기 위한 가장 기본적인 공사인 구내 배관·배선 공사의 설계 및 시공, 시험, 유지보수 등 업무 수행을 위해서 필요한 내용으로서 배관·배선의 종류별 분류와 시공방법에 대한 내용을 이해한다.

▣ 사용재료

· 각종 전선관
· 새들
· 박스
· 피스
· 연결 빅스
· 전선
· 스위치
· 램프

▣ 사용기구

· 전선관 커팅기
· 부탄가스
· 스트립퍼

▣ 실습도면

스위치		램프	
S1	S2	L1	L2
0	0	0	1
0	1	0	0
1	0	1	1
1	1	1	0

정논리

① 진리표 내용대로 실험 보드판에 도면을 그린다.

② 사(팔)각박스와 스위치, 인셉터컬 등 기타 배관시 필요한 준비물을 준비한다.

③ 전선관 종류를 준비한다.

④ 전선을 준비한다.(전선 색깔에 유의한다.)

⑤ 전선관을 시공하여 길이가 길 경우 새들을 설치한다.

⑥ 전선관 설치시에는 반드시 전선치구가 가능하도록 R곡선을 준다.

실험제목	배관 · 배선 시공하기 (실습13)				
학년		반		학번	
실 험 조		성명		실험일자	

실습사진

배관 · 배선시 문제점이나 차후 개선점

배관 · 배선 시공하기(실습 14)

▣ 실험목적

본 실습은 건축물(주거용, 업무용)내 전기부하장치를 제공하기 위한 가장 기본적인 공사인 구내 배관·배선 공사의 설계 및 시공, 시험, 유지보수 등 업무 수행을 위해서 필요한 내용으로서 배관·배선의 종류별 분류와 시공방법에 대한 내용을 이해한다.

▣ 사용재료

· 각종 전선관
· 새들
· 박스
· 피스
· 연결 빅스
· 전선
· 스위치
· 램프

▣ 사용기구

· 전선관 커팅기
· 부탄가스
· 스트립퍼

▣ 실습도면

스위치		램프	
S1	S2	L1	L2
0	0	1	1
0	1	1	0
1	0	0	1
1	1	0	0

부논리

① 진리표 내용대로 실험 보드판에 도면을 그린다.

② 사(팔)각박스와 스위치, 인셉터컬 등 기타 배관시 필요한 준비물을 준비한다.

③ 전선관 종류를 준비한다.

④ 전선을 준비한다.(전선 색깔에 유의한다.)

⑤ 전선관을 시공하여 길이가 길 경우 새들을 설치한다.

⑥ 전선관 설치시에는 반드시 전선치구가 가능하도록 R곡선을 준다.

실험제목	배관 · 배선 시공하기 (실습14)				
학년		반		학번	
실 험 조		성명		실험일자	

실습사진

배관 · 배선시 문제점이나 차후 개선점

배관 · 배선 시공하기(실습 15)

▣ 실험목적

본 실습은 건축물(주거용, 업무용)내 전기부하장치를 제공하기 위한 가장 기본적인 공사인 구내 배관·배선 공사의 설계 및 시공, 시험, 유지보수 등 업무 수행을 위해서 필요한 내용으로서 배관·배선의 종류별 분류와 시공방법에 대한 내용을 이해한다.

▣ 사용재료

· 각종 전선관
· 새들
· 박스
· 피스
· 연결 빅스
· 전선
· 스위치
· 램프

▣ 사용기구

· 전선관 커팅기
· 부탄가스
· 스트립퍼

▣ 실습도면

S1	S2	L1	L2
0	0	0	0
0	1	1	0
1	0	1	1
1	1	0	1

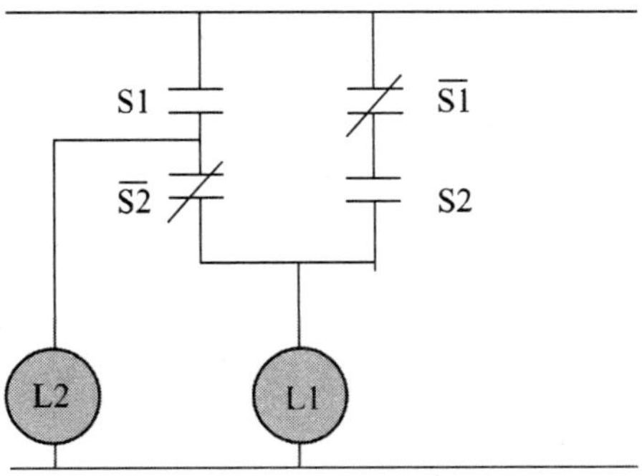

① 진리표 내용대로 실험 보드판에 도면을 그린다.

② 사(팔)각박스와 스위치, 인셉터컬 등 기타 배관시 필요한 준비물을 준비한다.

③ 전선관 종류를 준비한다.

④ 전선을 준비한다.(전선 색깔에 유의한다.)

⑤ 전선관을 시공하여 길이가 길 경우 새들을 설치한다.

⑥ 전선관 설치시에는 반드시 전선치구가 가능하도록 R곡선을 준다.

실험제목	배관 · 배선 시공하기 (실습15)				
학년		반		학번	
실 험 조		성명		실험일자	

실습사진

배관 · 배선시 문제점이나 차후 개선점

배관 · 배선 시공하기(실습 16)

▣ 실험목적

본 실습은 건축물(주거용, 업무용)내 전기부하장치를 제공하기 위한 가장 기본적인 공사인 구내 배관·배선 공사의 설계 및 시공, 시험, 유지보수 등 업무 수행을 위해서 필요한 내용으로서 배관·배선의 종류별 분류와 시공방법에 대한 내용을 이해한다.

▣ 사용재료

· 각종 전선관
· 새들
· 박스
· 피스
· 연결 빅스
· 전선
· 스위치
· 램프

▣ 사용기구

· 전선관 커팅기
· 부탄가스
· 스트립퍼

▣ 실습도면

S1	S2	L1	L2
0	0	0	0
0	1	0	1
1	0	1	1
1	1	0	1

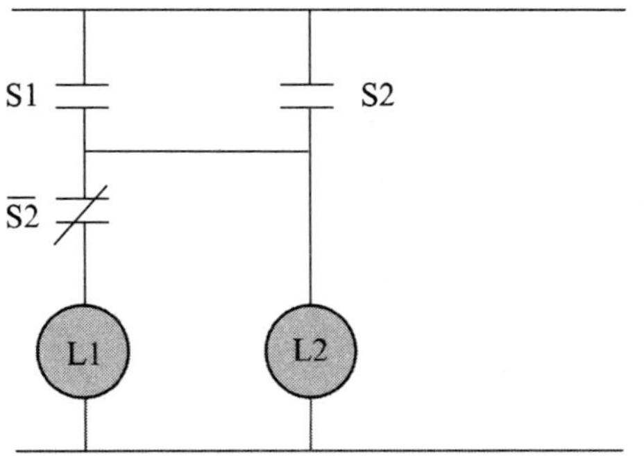

① 진리표 내용대로 실험 보드판에 도면을 그린다.
② 사(팔)각박스와 스위치, 인셉터컬 등 기타 배관시 필요한 준비물을 준비한다.
③ 전선관 종류를 준비한다.
④ 전선을 준비한다.(전선 색깔에 유의한다.)
⑤ 전선관을 시공하여 길이가 길 경우 새들을 설치한다.
⑥ 전선관 설치시에는 반드시 전선치구가 가능하도록 R곡선을 준다.

실험제목	배관 · 배선 시공하기 (실습16)				
학년		반		학번	
실 험 조		성명		실험일자	

실습사진

배관 · 배선시 문제점이나 차후 개선점

배관 · 배선 시공하기 (실습 17)

▣ 실험목적

본 실습은 건축물(주거용, 업무용)내 전기부하장치를 제공하기 위한 가장 기본적인 공사인 구내 배관·배선 공사의 설계 및 시공, 시험, 유지보수 등 업무 수행을 위해서 필요한 내용으로서 배관·배선의 종류별 분류와 시공방법에 대한 내용을 이해한다.

▣ 사용재료

· 각종 전선관
· 새들
· 박스
· 피스
· 연결 빅스
· 전선
· 스위치
· 램프

▣ 사용기구

· 전선관 커팅기
· 부탄가스
· 스트립퍼

▣ 실습도면

S1	S2	L1	L2
0	0	0	1
0	1	0	1
1	0	1	1
1	1	0	0

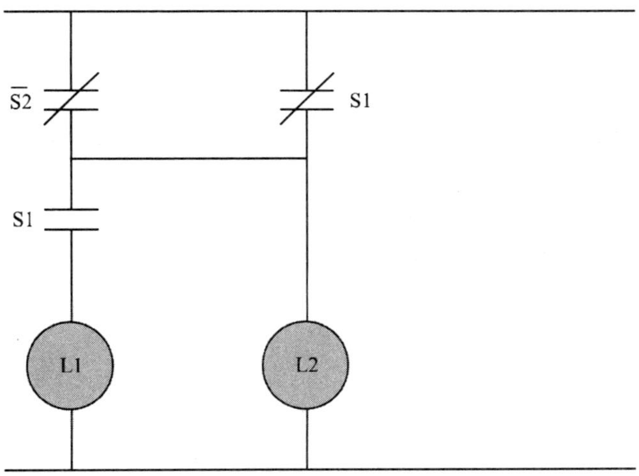

① 진리표 내용대로 실험 보드판에 도면을 그린다.

② 사(팔)각박스와 스위치, 인셉터컬 등 기타 배관시 필요한 준비물을 준비한다.

③ 전선관 종류를 준비한다.

④ 전선을 준비한다.(전선 색깔에 유의한다.)

⑤ 전선관을 시공하여 길이가 길 경우 새들을 설치한다.

⑥ 전선관 설치시에는 반드시 전선치구가 가능하도록 R곡선을 준다.

실험제목	배관 · 배선 시공하기 (실습17)				
학년		반		학번	
실 험 조		성명		실험일자	

실습사진

배관 · 배선시 문제점이나 차후 개선점

배관 · 배선 시공하기 (실습 18)

▣ 실험목적

본 실습은 건축물(주거용, 업무용)내 전기부하장치를 제공하기 위한 가장 기본적인 공사인 구내 배관·배선 공사의 설계 및 시공, 시험, 유지보수 등 업무 수행을 위해서 필요한 내용으로서 배관·배선의 종류별 분류와 시공방법에 대한 내용을 이해한다.

▣ 사용재료

· 각종 전선관
· 새들
· 박스
· 피스
· 연결 빅스
· 전선
· 스위치
· 램프

▣ 사용기구

· 전선관 커팅기
· 부탄가스
· 스트립퍼

■ 실습도면

S1	S2	L1	L2
0	0	1	0
0	1	1	1
1	0	1	1
1	1	0	1

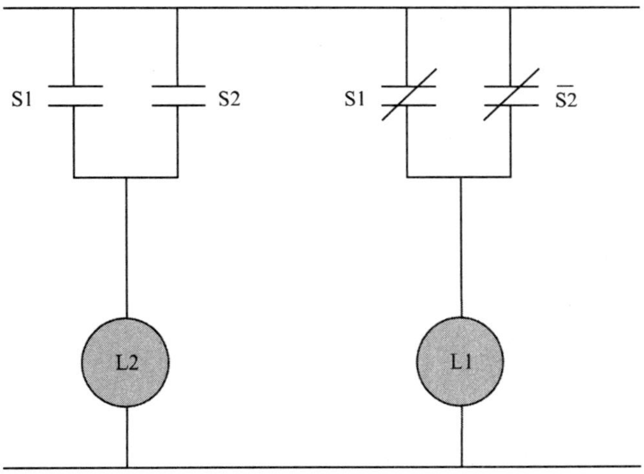

① 진리표 내용대로 실험 보드판에 도면을 그린다.

② 사(팔)각박스와 스위치, 인셉터컬 등 기타 배관시 필요한 준비물을 준비한다.

③ 전선관 종류를 준비한다.

④ 전선을 준비한다.(전선 색깔에 유의한다.)

⑤ 전선관을 시공하여 길이가 길 경우 새들을 설치한다.

⑥ 전선관 설치시에는 반드시 전선치구가 가능하도록 R곡선을 준다.

실험제목	배관 · 배선 시공하기 (실습18)				
학년		반		학번	
실 험 조		성명		실험일자	

실습사진

배관 · 배선시 문제점이나 차후 개선점

허동렬

• 경남정보대학교 전기과 교수(전기공학박사)

신동률

• (주) 티앤에스테크 연구소장(전기공학박사)

전기시공실습 정가 15,000원

발 행 2022년 9월 10일 초판 1쇄
저 자 허동렬 · 신동률
발행인 정우용
발행처 도서출판 **동화기술**
경기도 파주시 광인사길 201(문발동, 파주출판도시)
Tel (031)955-4211~6 donghwapub@nate.com
Fax (031)955-4217 www.donghwapub.co.kr
(등록) 1977년 12월 19일/9-16호

ISBN 978-89-425-9373-6